サイバースペースの地政学

小宮山功一朗
Koichiro Komiyama
小泉 悠
Yu Koizumi

ハヤカワ新書 026

はじめに

小宮山功一朗、小泉　悠

本書はインターネットに代表されるサイバースペースを物理的な装置から眺めようという試みである。我々は日々サイバースペースを便利に利用している。もはやサイバースペースなしの生活を想像することは難しい。ところがそのサイバースペースに触れたことがある人はいない。サイバースペースは多くの人にとって、空想上のからくり仕掛けである。そこに何かを打てば、返ってくるものがあるが、中で何が起きているのか想像のつかないブラックボックスである。

サイバースペースなしに我々の生活は成り立たない。新型コロナウイルス感染症の対策として、人や物の往来が厳しく制限された。そのような状況下にあっても、経済活動や政治活動は継続され、人類はその歩みを止めることなく今日を迎えた。我々の多くはリモートワーク、オンライン授業など、サイバースペースによって生かされる経験をした。サイバースペースが我々にとって欠かすことのできない存在であることに疑問の余地はほとんどないように見える。

その一方で、我々はサイバースペースというものについて多くを知らない。サイバースペースとはスマートフォンとその先にあるソーシャルネットワークと捉える人がいる一方で、テレビ塔や海底ケーブルや人工衛星もまたサイバースペースであると考える人もいる。人類80億人が相互に繋がり共同するためのグローバル・コモンズと捉える人がいる一方で、国家が生き残りをかけて競う第5の戦場と捉える人がいる。ある人はサイバースペースにおける表現の自由を最上級の価値と捉え、ある人は治安の維持こそが重要と考える。サイバースペースを一言で言い表すのは難しい。

国際社会におけるグローバリゼーションへの冷ややかな視線も気がかりである。米国民は不法移民の国外追放や外国製品への関税引き上げなどを公約に掲げる候補者を大統領に選んだ。イギリス人はEUを離脱することを明示的に選択した。世界は不安定な開放よりも、むしろ閉じた安寧を求めているのかもしれない。そのような時代にサイバースペースはこれまでのように、世界中を繋ぐことを命題として掲げ続けられるのであろうか。

つまり我々は、サイバースペースという得体の知れないものを頼りにし、その目的が世界の変容と矛盾することを感じながら、それでもそれにすがって生きているということになる。本書の目的は、この得体の知れないサイバースペースの正体を、なるべくわかりやすい形で読者に提示することである。

サイバースペースあるいはその中心となるインターネットは新しい技術と捉えられることが多いが、少なくとも50年の歴史がある。これまで、国連や技術者コミュニティなど様々な場で、サイバースペースの全体像を捉えるため、言い換えればサイバースペースを定義するための努力がなされてきた。その一つ一つを紐解くことはしないが、結果としてサイバースペースの定義は定まっていない。議論の道筋をたどってわかったのは、サイバースペースという言葉は伸び縮みする言葉であるということである。同じプレーヤーが異なる議論の場で異なるサイバースペースの定義を使い分けることもある。サイバースペースという言葉の定義そのものが、極めて影響範囲の広い政治問題なのである。移ろいの激しい情報通信技術の性質を考えれば、サイバースペースの定義は、労多くして得るものが少ない作業かもしれない。

本書はサイバースペースの全体像ではなく、その一部分である物理的なインフラに着目する。ここでのインフラとは、海底ケーブルであり、データセンターであり、その他サイバースペースを支える土台の装置である。世界中に点在するそれらのインフラは、一般にその役割や重要性が十分に理解されているとは言い難い。インフラというのはその定義からして、「見えないもので、他の営みを支えるもの」である。見えづらく理解されにくいことはある意味当然なのかもしれない。

限られた時間のなかで、最大限「サイバースペースの手触り」を得るために、我々は取材の旅に出た。北は北海道石狩市から、南は長崎市まで、様々な場所に実際に足を運び、手で触れ、その場の匂いを嗅いできた。サイバースペースの維持に汗を流す方々に直接疑問を投げかけてきた。

「木を見て森を見ず」ということわざがある。物事の細部にとらわれるあまり、全体像を見失うことへの警句である。本書では、サイバースペースを描くために、あえて森ではなく木を、つまり全体像ではなく一部分を見ていく。この場合の木とは言うまでもなくサイバースペースのインフラである。森にあたるのは近未来の日本の安全保障および、多少大げさに言えば人類の未来そのものである。サイバースペースにおける技術革新は、現代そして未来の安全保障を論ずる上での非常に大きな不確定要素である。それは日本の安全保障上の重要な課題であることはもとより、大国間のパワーバランスを覆す可能性を秘めている。あらゆる活動がサイバースペースに依存する現代の社会において、ＩＣＴ技術は未来を形作る欠かせない要素である。

インフラを訪れるのは、ロシア軍事を専門とする小泉悠とサイバーセキュリティを専門とする小宮山功一朗の２名である。同じ目的で、同じ場所を訪れても、二人の感じとる内容は大きく異なる。我々は、二つの目から得た異なる像を結びつけ、距離感や立体感をつかむ。

同様に、二人の描く像の差異から、サイバースペースに対する新しい見方を、そして技術の安全保障への影響を読者に提供できれば幸いである。

本書の構成は次の通りである。第1章では千葉ニュータウンに出現した大型データセンター群を訪ねる。続く第2章では長崎市に残された海底ケーブル陸上げの遺構や、博物館に残された文書を元に、日本がサイバースペースにどう繋がったかを確認する。第3章では長崎市中心部や横浜に海底ケーブルの敷設や修理を行う船を訪ね、張り巡らされたケーブルの脆さと強靭さについて考える。第4章ではサイバースペースの内側に入り込むべく、北海道の石狩、そして東京都心にあるデータセンターを訪ねる。第5章ではサイバースペースが戦場となりつつあるという問題意識をもとに、ロシアや中国の脅威とそれに対抗する西側の努力という枠組みを提示する。第6章では小泉がロシアとエストニアの国境の街を訪れ、国家がサイバースペースに干渉し、あるいはサイバースペースが国家に働きかける、双方向のやりとりを見出す。最後にこれらの議論をまとめ、国家安全保障、経済安全保障、データガバナンスやプライバシー保護といった社会的な課題の解決にあたって、サイバースペースに期待される役割を描く。

サイバースペース（Cyberspace）という言葉は、科学者ではなくSF作家の発明である。1984年に、作家のウィリアム・ギブスンが『ニューロマンサー』という小説で現実と電脳世界（サイバースペース）が交錯する世界を提示した。電脳世界に没入（ジャックイン）する能力を奪われた主人公のケイスは、現実の世界を軽蔑し、物理空間に生きる自らの肉体を過酷なまでに痛めつける。しかし、現実世界で唯一愛することができた女性とサイバースペース内で再会したケイスは、肉の体が生きる世界の意味をもう一度見出した。サイバースペースという言葉には、物理空間との関係性という問題がその成立当初から内包されてきたのである。

ちなみに『ニューロマンサー』は第三次世界大戦後の千葉から始まる。サイバースペースに迫る我々の旅も、やはり千葉からスタートしたい。

目次

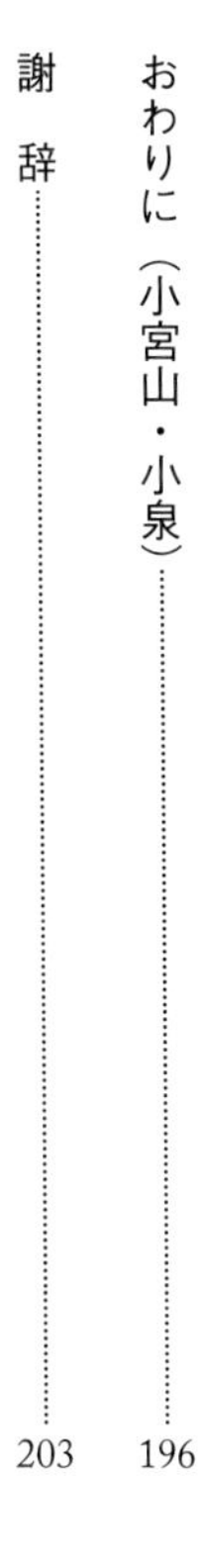

第1章

「チバ・シティ」の巨大データセンター
〜千葉ニュータウン〜

小宮山功一朗

千葉ニュータウンに立ち並ぶデータセンター[*1]

厳しい夏の日差し降り注ぐ２０２３年夏のある日、私は初めて千葉ニュータウン中央駅に降り立った。東京都心からは１時間以上かかったが、駅前にはビルが林立し、新型コロナウイルス感染症の影響にもかかわらず街が賑わっていることは見て取れた。素直にそのことをタクシーの運転手に伝えてみると、意外な歴史を学ぶことになった。

「もともとは田中角栄さんの時代に原山団地という宅地をつくったんだよね。それがそもそもの始まり」

「20年前くらいじゃないかな、データセンターが増えてきたのは。ほら、そこのノッポのビルから先は全部データセンター。これが三井住友、あれがみずほ、あれは商工中金。これは私らがＳＣＳＫと呼んでるいろんな会社が入ってるデータセンター。ほら、ここも新しいデータセンターを作っている」

饒舌な運転手の言う通り、千葉ニュータウン中央駅からやや北東方向に延びる道路の両側には、データセンターが立ち並んでいる。千葉ニュータウンは千葉県印西市、白井市、船橋市の三つの自治体にまたがる一帯のことを指すそうだ。ここは現在日本で有数のデータセンターが林立するエリアになっている。データセンターとは、サーバや通信機器などサイバースペースを構成する機器を長期間安定して動かすことに特化した建物のことである。「この世界が情報を燃料に走っていることを、今のわたしたちは知っている。情報は血液であり、ガソリンであり、生命力でもある」[*2]と表現されるように、我々は情報が価値を生む世界に生きている。その世界で、個人が、企業が、そして政府が、日々生成される大量のデータへのアクセス権を巡る争奪戦を行っている。データは人（ヒト）を呼び、データは金（カネ）を呼び、データはさらなるデータを呼ぶ。こうしてサイバースペースにおいて、データが少数の者の手に独占されていく。

＊1　本書において「データ」とは数字や記号の集合を意味する。そして「情報」とはデータを加工し数字に意味を持たせたものと定義する。例えば、様々な気象観測衛星やセンサーを用いて集めた気圧や温度は「データ」である。そして、そのデータを加工し意味を持たせた、特定の地域の特定の日の降水確率は「情報」である。「データセンター」については、データセンター事業者らが作る日本データセンター協会は「インターネット用のサーバやデータ通信、固定・携帯・ＩＰ電話などの装置を設置・運用することに特化した建物の総称」と定義している。しかし本書ではわかりやすさを重視し、「理想のサーバとデータの置き場」という意味で用いている。

＊2　ジェイムズ・グリック『インフォメーション―情報技術の人類史―』楡井浩一訳、新潮社、２０１３年、13頁

しかし、そのデータがどこにあるのかについて、我々は驚くほど無知である。多くの人は、グーグルのメールサービスを使い、X（旧ツイッター）で思いをつぶやき、フェイスブックで友人と思い出を共有し、ネットフリックスで動画を観て、オンラインで銀行取引や証券取引を行う。その全ての活動において、データは自身の手元には存在しない。サイバースペースがなければこれらのサービスを使うことはできない。もはやそのことを意識することも少なくなったが、我々は自らのデータをそれらの企業に預けているのである。そしてその管理を一任している。

クラウドコンピューティング全盛の時代に、データがどこにあるかを気にする必要はない。前述のようなデータセンターでは優秀な技術者が24時間365日体制で、我々のデータの「お守り」をしてくれている。我々はデータをバックアップし、コピーするなどの手間から、それを無くしたり壊したりするのではという不安から、解放されているのである。

平時においては、我々はデータがどこにあるかを気にする必要がない。しかし、ひとたびサイバー攻撃などの犯罪が行われれば、後に詳しく述べるが、データの置き場所によって適用される法律が変わってくる。特定の国の政治状況によってはその国に置かれたデータにアクセスできなくなる危険がある。我々のデータはどこに保存・保管されているのだろうか。データの保存場所は、その利用にどのような影響をもたらすのだろうか。

サイバースペースの「金庫」

米国人ジャーナリスト、アンドリュー・ブルームは2012年に出版した『The Tubes（インターネットを探して）』という本によってサイバースペースのインフラに光をあてた。ブルームの主たる関心は原題からもわかる通り、チューブ（つまり通信ケーブル）であったが、データセンターについても優れた分析を行っている。ブルームは現代のデータセンターの実態に迫り、データの物理的な場所を隠そうとするテックカンパニーを不誠実だと批判した。[*3]

我々が日常的に使うクラウドサービスやネットフリックスなどの動画配信からオンラインバンキングまで、ありとあらゆるオンラインサービスはデータセンターによって支えられている。しかし、データセンターはその存在をおおっぴらに宣伝することはない。筆者はサイバーセキュリティの専門家として20年にわたってＩＴ業界で働くが、サイバースペースを支える他のインフラと比べてもデータセンター事業者は表に出ることを嫌う印象がある。これだけ重要な社会のコンポーネントにどうして注目が当たらないのか。前掲のブルームの言葉

＊3　アンドリュー・ブルーム『インターネットを探して』金子浩訳、早川書房、2013年、264頁

を借りたい。

データセンターは情報の貯蔵所で、インターネットにとっての物理的保管庫にいちばん近い存在だ。（中略）情報は通過する（あっというまに！）。しかし、データセンターでは比較的動きがなく、保護しなければならない機器のなかに物理的に格納されていて、それ自体に大きな価値がある。ただし、秘密主義の理由は、プライバシーや盗難に対する懸念より、ライバルとの競争であることのほうが多い。（中略）これはとりわけ、ひとつの企業が建設・所有し、建物自体が提供している商品と密接に関連しているデータセンターにあてはまる。[*4]

たしかに、サイバースペースのインフラであるケーブルや通信の要所であっても、そこを日々大量のデータが通り過ぎるだけであって、データがとどまることはない。対してデータセンターにはデータが保存され、そこにとどまる。その点においてデータセンターは金庫のような価値を持つ。顧客から預かったデータを様々な干渉から守るため、データセンターを持つ企業はその実態について多くを語らない。誰もが使っているのに、誰もそれを殊更に取り上げることをしない。そのような慣習が長く続き、いつしかデータセンターは「サイバースペースの最もよく守られている秘密（Best Kept Secret）」となった。

本書は、関係各所に取材に協力いただき、そのよく守られている秘密の一部を明らかにしていく。

「大食い」から始まったデータセンターの歴史

インターネットが実用化される以前から、サーバやネットワーク機器を運用することに特化した建物は存在した。１９４０年代に、現在のコンピュータの先祖とも言うべきＥＮＩＡＣがペンシルバニア大学の中で稼働を始めた。初期のＥＮＩＡＣは総重量30トン、１万８０００個の真空管を使うものだった。消費電力は１７４キロワットと「大食い」であり、専用の発電機を備えていたにもかかわらず、ＥＮＩＡＣ起動時にはフィラデルフィアの街じゅうの電気が暗くなったという言い伝えも残っている[*5]。

ＥＮＩＡＣは現在のコンピュータとは比べ物にならないほど、頻繁に壊れた。主たる理由

＊４　ブルーム『インターネットを探して』、２６３頁

＊５　John Kopplin, "An Illustrated History of Computers Part 4", Computer Science Lab, 2002. http://www.computersciencelab.com/ComputerHistory/HistoryPt4.htm

ENIAC と天井に取り付けられた大型空調
（Wikimedia Commons）

は発熱である。1万8000個も使われた真空管は、白熱電球のように熱を発する。その熱をいかに冷却するかは、重要な課題であった。ENIACは上の写真に示すように、専用の部屋に設置される。天井に見える丸型のスリットが当時最先端の大型空調設備である。ENIACには、このような大型の空調設備が必要であり、専用に設計された特別な建物でしか稼働することができなかった。黎明期のコンピュータは全て今で言うところのデータセンターに設置されていたとも言える。

やがて1970年代になり、メーンフレームコンピュータと呼ばれる大型のコンピュータが企業で用いられるようになる。真空管ではなく、トランジスタで処理が行われるため発熱は軽減したが、引き続き安定して連続稼働するためには適切な温度管理が必要であった。主に使用された記録メディアが温度変化に敏感な磁気テープということもあった。多くの企業が、電算室と呼ばれる専用の部屋を敷地内に設け、そこにメーンフレームコンピュータと専用空調設備を整えた。

集中か分散か、それが問題だ

１９８０年代になるとパーソナルコンピュータブームが起こり、それまで電算室に鎮座していたコンピュータが手頃な大きさになり、家庭に設置されるようになる。同時に、それまでスタンドアロン（単独）で使用されてきたパソコンがネットワークに接続されて用いられることが増えてきた。Ｗｉｎｄｏｗｓ95でＴＣＰ／ＩＰという通信プロトコルがサポートされたことなどが契機となり、インターネット利用が世界中で急拡大した。

インターネット黎明期の技術者たちは、この技術が、データを一箇所に集めなければいけないという呪縛から人々を解き放ち、世界中にデータが分散して保存される未来図を描いていた。「中央集権型から自律分散型へ」という言葉がキーワードを超えた、言わば信条として存在した。

しかし、現実にはインターネットの黎明期からデータは集約される運命をたどることになる。データの集約が進んだのは主に二つの要因がある。一つめは通信のスピード、二つめは可用性である。順に説明する。

１９９０年に欧州合同原子核研究機関（ＣＥＲＮ）が最初のＷｅｂサイトを立ち上げた時、そして高エネルギー加速器研究機構（ＫＥＫ）が日本最初のＷｅｂサイトを立ち上げた時、たしかにネットワークに接続されたコンピュータは両組織のキャンパス内に存在していた。１９９０年代前半まではＷｅｂサイトが分散していたのである。

しかしインターネット成長期の１９９０年代後半、主要なＷｅｂサイトはもはや組織が自前の設備でサービス提供するのが難しいほどに急拡大していた。

インターネット成長期のＷｅｂサイトと言えば、Ｙａｈｏｏ！、ホワイトハウスのＷｅｂサイト、当時シェア最大を誇ったＷｅｂブラウザーソフト会社のネットスケープ（Netscape）のポータルサイトなどが有名である。あるいは成人向け娯楽雑誌プレイボーイ（Playboy）などを思い浮かべる読者もいるかもしれない。

１９９０年代後半、これらのＷｅｂサイトは全て一つのデータセンター企業の施設内に共存していた。[*6] これらの企業は日々寄せられる大量のリクエストに応えるために、多くのインターネットエクスチェンジ（ＩＸ）に高速接続され、電力供給が安定した場所にサーバを設置するための棚（ラック）を借りた。そして世界中に公開するコンテンツをこのデータセンター内のサーバに置き、世界中からのアクセスに応えた。

このようにデータセンター企業がスペースを貸し出し、借りた企業が自社のサーバを置い

典型的なデータセンターのフロアの様子
(Erik Isakson/stock.adobe.com)

て利用する形態をコロケーションサービスと呼ぶ。上の写真のように一つのフロア内にラックが置かれ、金網で区切られた区画ごとに異なる企業が利用する。

１９９０年代後半の米国においては、エクソダス（Exodus）とフロンティアグローバルという二つの企業が需要を分け合っていた。当時のコロケーションサービスは都市の中心部に設けられたが、現代ではコストの安い郊外に置かれることが多い。

コロケーションサービスの発祥は米国の通信事業者ＡＴ＆Ｔと言われている。インターネット企業の面々が、ＡＴ＆Ｔに対して局舎内の空いているスペースに自分たちのサーバを置くことを要求したのである。こうすることによってインターネット企業は、自社のコンテンツをより早くユーザに送ることが可能なネットワーク上の好位置を確保することができた。通信事業者の局舎は建物の堅牢性や電力などのインフラの面でも通常のオフィスビルより品質が高かった。AT&Tにとっても空きスペースを貸し出すだけであり、リスクが低く安定した収益が見込めるビジネスだったかもしれない。[*7]

偶然が決めたラックの規格

この当時から現在まで、コンピュータ技術は日進月歩で発展してきた。様々な技術により小型化、薄型が進むコンピュータであるが、世界中のデータセンターで使用されるラックの横幅は19インチ（48・26センチメートル）で統一されている。どのネットワーク機器メーカー（シスコ、ファーウェイ、ジュニパー）もサーバメーカー（IBM、HP、デル、富士通）も必ず、製品の横幅は19インチである。こうすることによって、ラックの限られたスペースに複数の企業の製品を効率的に収容することができるからである。横幅が19インチというのはデフ

標準的な19インチラック
（Maxim_Kazmin/stock.adobe.com）

アクトスタンダード（事実上の標準）として長らく尊重されてきた。２０００年代に入ると、国際電気標準会議（ＩＥＣ）によって、デジュールスタンダード（公的機関が定めた標準規格）となった。この規格の元をたどっていくと、ＡＴ＆Ｔがもともと局舎内で使っていた棚の横幅が19インチだったという事実に行き着く。ＡＴ＆Ｔは近代データセンター発祥の地であり、ラックの幅という極めて重要な標準の生みの親でもある。

コロケーションサービスの一種として、特殊だが興味深い例としては、証券取引所が自ら

＊6　エクイニクス（Equinix）でチーフエヴァンジェリストを務めるピーター・フェリスのインタビューによれば、１９９０年代後半においてＹａｈｏｏ！やジオシティーズ、ネットスケープや米国の三大テレビネットワークの一つＮＢＣなどが初期のデータセンターの大口顧客だった。The Data Center Podcast, "Playboy's First Data Center, or Birth of the Internet Colo - Peter Ferris, Equinix", 2017. https://soundcloud.com/user-760920229/playboys-first-data-center-or-birth-of-the-internet-colo-peter-ferris-equinix

＊7　なお１９９０年代後半のデータセンター2社は、それぞれ特定の通信事業者「のみ」と接続されていた。したがって、当時の企業がコンテンツをより高速に全てのユーザに供給したいと考えた場合、両方のデータセンターにコピーを置くしかなかった。この状況を打開し、複数の通信事業者に対等に接続する中立性の高いデータセンターを求める機運が高まった。デル、シスコ、ネットスケープの開発者マーク・アンドリーセンなどが初期投資を行い、ポール・ビクシー（インターネット技術者）が中心となりＰＡＩＸ（Palo Alto Internet eXchange）が作られた。これが、現在世界最大のデータセンター企業であるエクイニクスの前身となる。

運営するコロケーションサービスがある。米国にある複数の株式取引市場においては、投資銀行や高速取引（フラッシュトレード）事業者がコンピュータプログラムを使った取引で利ざやを稼いでいる。フラッシュトレードは他の投資家の売り注文や買い注文を察知し、その注文が取引所に届く前に先回りして、売買を成立させるものである。高度なプログラム技術と、株式市場のシステムに1ナノ秒（10億分の1秒）でも早く注文を届けられる環境が必要となる。マイケル・ルイスが書いた『フラッシュ・ボーイズ――10億分の1秒の男たち』[*8]という本では、1ナノ秒を短縮するために、シカゴとニューヨークの間にできるだけ直線的に、短く、その分データが速く届く光ケーブルを敷設する様子などが描かれる。

投資銀行や高速取引事業者は、証券取引所のシステムが入居するデータセンターの近くに自分たちのデータセンターを確保しようとし、やがて同じデータセンターの別のフロアを確保しようとし、最終的に証券取引所システムの隣の部屋を得ようとして競争した。言うまでもなく物理的に近ければ、それだけ注文が早く届き処理されるからである。この状況に目をつけた証券取引所は、自らのシステムの近くのラックを高値でレンタルするという独自のコロケーションサービスを始める。

データセンターの種類

一見似たような姿形の建物が並ぶ千葉ニュータウンのデータセンターであるが、より詳しく見ていくと、データセンターはおおよそ三つの種類に分けて考えることができる。

1　エンタープライズデータセンター

エンタープライズデータセンターとは、企業が自ら使用するためにスペースと電力とサーバなどを用意して運営するデータセンターである。オンプレミスデータセンターなどとも呼ばれる。[*9] エンタープライズデータセンターの代表的な例としては日本の金融機関が自ら保有するデータセンターがあげられる。金融業界や防衛産業を中心に、クラウドコンピューティング全盛期にあっても、重要なデータを自社で安全に管理する必要性は失われていない。

エンタープライズデータセンターは自然災害等を想定して、企業の所在地から離れた場所が選ばれることがある。ネットワーク接続性に関する要求が低い、企業の電算室の進化形と捉えることもできる。千葉ニュータウン中央駅近くに立ち並ぶ、29ページの写真のような施

*8　マイケル・ルイス『フラッシュ・ボーイズ――10億分の1秒の男たち』渡会圭子、東江一紀訳、文春文庫、2019年

*9　オンプレミスは、サーバやソフトウェアなどの情報システムを、自ら管理している施設内に設置して運用することである。クラウドコンピューティングと対向する概念ともいえる。単にオンプレと略されることも多い。

設が、典型的なエンタープライズデータセンターである。

2 ハイパースケールデータセンター

現代の巨大テックカンパニーは大量のデータを保有している。これらの企業にとって、どのようなデータセンターを設計し、どう運用するかは、そのデータセンターで動くサービスやアプリケーション同様に重要なビジネス上の課題になる。それらクラウドサービス事業者が自ら設計し、運用するデータセンターのことをハイパースケールデータセンター、クラウドデータセンターなどと呼称する。現在、ハイパースケールデータセンターを持っているのはたとえば、アマゾン、セールスフォース、グーグル、マイクロソフト、オラクル、メタ（フェイスブック）、アップル、テンセント、アリババなどである。

クラウドサービス事業者はキャリアホテル（後述）やコロケーションサービスも利用しており、ハイパースケールデータセンターを建設するのは文字通り超大規模なデータの保管が目的となる。したがってこのようなデータセンターの数は少ない。一例として世界50カ国に70以上のオフィスを構えるグーグルでさえ、ハイパースケールデータセンターは米国内14箇所、オランダ2箇所、チリ、アイルランド、デンマーク、フィンランド、ドイツ、ベルギー、台湾、日本、シンガポールの合計25箇所にしか保有していない。[*10]

みずほ銀行のエンタープライズデータセンター（著者撮影）

労働金庫のエンタープライズデータセンター（著者撮影）

ハイパースケールデータセンターは通常のデータセンターの常識では考えられない革新的な手法を使って、パフォーマンスや効率をあげようとする。グーグルの技術者バロッソらが記した、グーグルにおけるクラウドデータセンター設計の思想を記した書『クラウドを支える技術――データセンターサイズのマシン設計法入門』から、セオリーを外れた二つの手法を読み取ることができる。

「コールド側の通路の温度を18〜20℃ではなく、25〜30℃に上げる。[*11] 温度を上げることにより、データセンターの冷却効率を高めるのが容易になる。ほとんどの場合、サーバやネットワーク機器の吸気を20℃にする必要はなく、温度を高めたことにより故障率が増加するという証拠はない」。これは、冷却のコストを大幅に削減するための大胆な手法である。

また、グーグルのデータセンターにおいては、通常のデータセンターで用いられるような高価なサーバを用いない。データセンターで使われることを想定したサーバは主要な部品の質が高く、二重化などがされているため、壊れにくい。その分値段が高い。グーグルでは、サーバは壊れるものと割り切り、低品質のサーバを大量に調達し、次々と入れ替えていくという方法をとってコストを抑えているという。これはしかし、一部のサーバが壊れても全体が稼働し続けるというシステムを作り上げる技術力が可能にした、発想の転換である。

このような工夫は各社で行われているはずだが、「データセンターの詳細は、コカコーラの製法のような、最重要の企業秘密[*12]」であり、データセンターの内情に迫ることは難しく、特にシビアな競争が行われているハイパースケールデータセンターの実態に迫ることは難しい。

次ページの写真は中を窺(うかが)い知ることが難しい、千葉ニュータウンにあるグーグルのデータセンターの外観である。規模の大きさや、変電設備などが施設内に備わっていることなどが見て取れる。

3 キャリアホテル

データセンターはコンテンツの生まれる場所、そして多くのユーザに近い場所にあることが好ましい。その条件を満たすのがキャリアホテルと呼ばれるタイプのデータセンターであ

---

*10 グーグルのデータセンターの所在地については以下のウェブサイトの情報を参照した。Discover our data center locations https://www.google.com/about/datacenters/locations/

*11 グーグルが公開したデータセンターを紹介するＹｏｕＴｕｂｅビデオ（https://www.youtube.com/watch?v=XZmGGAbHqa0）では、データセンター内部の室温が27℃程度に維持されていることや、独自に設計されたハードウェアを使っていることが解説されている。

*12 ブルーム『インターネットを探して』、２６４頁

千葉ニュータウンにある
グーグルのデータセンター（著者撮影）

る。キャリアホテルは大都市の中心部に位置する、歴史あるビルであることが多い。たとえば日本においては代表的なのはＮＴＴコミュニケーションズ大手町ビルとＫＤＤＩ大手町ビルである。キャリアホテルは千葉ニュータウンには存在しない。

キャリアホテルは大都市における通信のハブの役割を担う。複数の通信事業者と接続されている。キャリアホテルの中には通信事業者（ＡＴ＆Ｔ、ルーメン・テクノロジーズ、ベライゾン）、コンテンツデリバリー事業者（アカマイ、クラウドフレア、メガポート、パケットファブリック）、クラウドサービス事業者が自社設備を置いている。このようなユーザに近い場所にデータを置いておけば、リクエストの際に素早くデータを届けることが可能となる。

データセンター業界ではこれらのキャリアホテ

ルを単に住所で呼ぶことが多い。たとえばロサンゼルスにあるOne Wilshireというキャリアホテルは、米国西海岸の通信の要衝で、太平洋を渡る海底ケーブルの米国西海岸における玄関口となっている。キャリアホテルは通信事業者にとっても、データセンター事業者にとっても、重要な場所であり、キャリアホテルを新規に作ろうとする企業もある。

また、1996年に行われた米国電気通信法の大規模な改正により、通信事業への参入が容易になり、キャリアホテルの売却や買収の障壁が減った。以後、キャリアホテルを巡る大型の買収が複数成立している。たとえば、前述のロサンゼルスにあるOne Wilshireは何度か所有者が替わっている。現在のオーナーである不動産投資会社は2013年にこのビルを4億3700万ドルで購入している。マイアミにある、エクイニクスが保有するキャリアホテルはマイアミで最大かつ、15の海底ケーブルの終端となる重要な施設である。エクイニクスが2016年にベライゾンから買収した。

ここまでの説明をまとめると、データセンターは規模、立地、運営と利用の主体の切り口から、少なくともコロケーション、キャリアホテル、エンタープライズデータセンター、ハイパースケールデータセンターなどに分類できる。この分類は緩やかに変化してきている。5Gなどの新技術が、よりユーザの近くにデータを置くことの重要性を高めることから、コンパクトで、ユーザに近い場所にあるエッジデータセンターと呼ばれる新たな形態が増えて

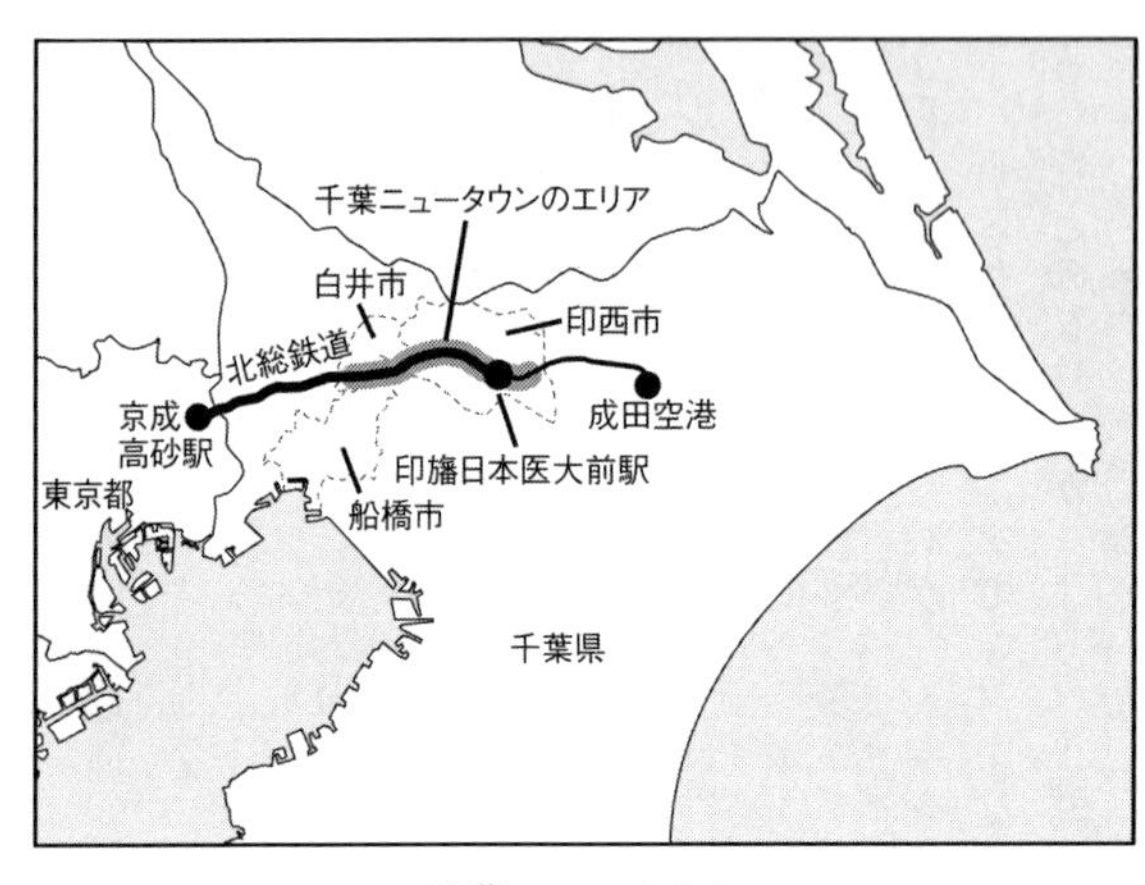

千葉ニュータウン

いるという指摘もある。データセンターは生き物のように進化を続けている。

データセンターキャンパス

話をもう一度千葉ニュータウンに戻す。千葉ニュータウン中央駅北口から、北東方向に進む大通りに沿って立ち並ぶのが、エンタープライズデータセンターである。その多くがバブル期に金融機関によって建設された。大型で意匠を凝らした建物が多い。金融機関のコールセンター業務、データの安全なバックアップ場所など、必ずしも都心に置く必要のない機能を担うための施設が千葉ニュータウンに置かれ始めた。

これらのデータセンターが千葉ニュータウンに集まった理由はいくつかある。まずは北総（ほくそう）台地の地盤が強固で、地震を含めた災害リスクが低いことがあげられる。そして、都心から30～40キロメートルという比較的交通アクセスの良い土地であることも強みであった。成田市に国際空港が建設され、北総鉄道で都心と接続され、一帯が大きな発展を遂げるという期待感も大きかった。

そのような理由でデータセンターが集まりだすと、電力会社は特別高圧電力の供給を、通信事業者は高速で安定した通信回線をといったように、データセンター向きの設備をこの地に優先して確保するようになる。たとえば2011年の東日本大震災の計画停電の際も千葉ニュータウンは一部適用外地域として、電力の優先供給を受けた。その頃には既にここが単なる郊外のベッドタウンではないということが認識されていたのである。

そして2007年頃から第一世代のデータセンターの周辺に、さらにデータセンターが集まるようになる。[13] SCSK社などのデータセンターに代表される、これらを第二世代のデータセンターと呼ぶ。経済性と効率性を重視し、IT企業が先頭に立って用地確保、設計し、さらにその顧客に貸し出して利用された。千葉ニュータウンのベッドタウンとしての開発が当初の目論見(もくろみ)ほど順調に行かなかったことも怪我(けが)の功名で、データセンターの集中に一役買

＊13　2007年にKVH社（現Coltテクノロジーサービス社）が用地を取得してデータセンターを開設。これがデータセンター集中の呼び水となったと言われる。

った。[*14] 物流の拠点やデータセンターなどの事業に必要な、大規模な敷地の確保が比較的容易だったのである。こうしてオフィスビルに似た大きさの、しかし窓のないビルが立ち並ぶ現在の千葉ニュータウンの姿が形作られた。

そして、2020年前後から起きているのは外資系企業の進出である。グーグル、アマゾンといった巨大テックカンパニーはもちろんのこと、米国やオーストラリアの不動産会社やデータセンター会社がこぞって千葉ニュータウンにデータセンターを建設している。これら第三世代の特徴は一つにその規模である。千葉ニュータウンを歩けば、都心と比べて一棟一棟のデータセンターの敷地が広く、建物の床面積が広いことが外から見てもわかる。

これまで論じてきた通り、現代の千葉ニュータウンはデータセンターに必要な安定した電力供給、高速で低遅延のネットワーク、そして土地の価格など様々な条件を満たしている。これらの条件を満たす特定の場所に複数のデータセンターが集うことになるのは、当然の帰結である。受電能力が50メガワットを超える大型のデータセンターが特定の場所に集まった場所のことをデータセンターキャンパスと呼ぶ。

米国最大の、つまり世界最大のデータセンターキャンパスはワシントンDCの郊外、ダレス国際空港に程近い、バージニア州アッシュバーンにある。世界の政治の中心地であるワシントンDCにアクセスが良く、国際空港に近い。バージニア州には軍や情報機関などデータセンターの大口顧客がひしめいている。クリントン政権当時から情報スーパーハイウェイ構想の一環として周辺には高性能の光ファイバーネットワークが張り巡らされているという。そしてここに、およそ118箇所のデータセンターが存在する。床面積の合計は1000万平方フィート（東京ドーム約20個分の広さ）に達する。

データセンター事業者にとって何より大きいのは、アッシュバーンにはほとんどの大型データセンターが集中していることである。自社がデータセンターを作る際に、アッシュバーンを選び、それらの大型データセンターと直接接続することができれば、ネットワーク性能の観点でアドバンテージとなる。

日本国内においては、現時点では東京の大手町や大阪の堂島にキャリアホテルが存在し、データセンターがその近辺に点在している。一方で大都市近郊型ハイパースケールデータセンターが今後増えることから、米国で見られるようなデータセンターキャンパスが、千葉ニュータウンはもちろんのこと、大阪にも生まれる見込みである。[*15] 特に千葉ニュータウンは巨

---

*14 小田隆造『絵に描いた街——追跡：千葉ニュータウン』日経事業出版社、1985年

*15 クラウド&データセンター完全ガイド監修『データセンター調査報告書2020』インプレス、2020年

大テックカンパニーのグーグルとアマゾンのデータセンターが既に存在している。両社のクラウドサービスを利用する日本企業にとって、千葉ニュータウンにデータセンターを置くことの魅力がさらに増えた。

データセンターが集まる条件

千葉ニュータウンにおけるデータセンターキャンパスの成り立ちからは、立地や電力やネットワークや安定した地盤が重要であり、一度データセンターが集まりだすとネットワーク効果が生まれ、さらなるデータセンターを呼び寄せると述べてきた。電力やネットワークについては第4章でもう少し細かく分析する。ここでは、それ以外にもデータセンターにとって好ましい立地条件を整理しておく。

まずは税制である。データセンタービジネスの収益に課せられる税金は多様である。セールスタックス、付加価値税率の合計はアジアの主要国では10％前後、EU諸国では20％前後が平均的である。ところが、香港や米国のポートランドなどのように税金が発生しない地域もある。収益に自動的に20％もの差が生まれるとなれば、データセンターの立地選定においては大きな検討要素となる。

次に法制度がある。２０１８年3月に成立した米国のクラウド法（Clarifying Lawful

Overseas Use of Data Act）は、米国において捜査機関が、企業が国外のサーバに保管しているデータの開示請求をする際の手続きを規定した。つまり、米国企業が管理しているデータであれば、その物理的な所在地がどこであっても、米国の裁判所の令状が効力を持つことを意味する。[*16]

クラウド法は、米国の力のおよぶ範囲を広げただけではない。同法は米政府と外国政府が行政協定を締結すれば、「米国の管轄権に服するプロバイダが外国政府からの直接の命令に応じてデータを開示しても米国法上違法と評価されないこと[*17]」を認めた。米国と行政協定を結んだ国とそうでない国とでは、データの置き場所としての価値が異なってくる。

クラウド法を巡るもう一つの課題は、欧州と米国という自由主義経済陣営の二つの勢力が、データを手に入れるための内輪もめを繰り広げていることである。EUにおいては2016年5月からEU一般データ保護規則（通称GDPR）が発効し、現在もデータ保護のための新たな法案が検討されている。個人が自身のデータを自分でコントロールできるようにする

＊16　1986年に成立した通信保存法（Stored Communications Act）では、米国の政府機関が米国外に保存されたデータを取得することが、明示的には認められなかった。
＊17　西村高等法務研究所（NIALS）「CLOUD Act（クラウド法）研究会報告書―企業が保有するデータと捜査を巡る法的課題の検討と提言―」、2019年

ことを目的としている。だがその結果として巨大テックカンパニーがEU域内に住む個人が所有するデータをEU域外に移動することは今後も強く規制されるであろう。たとえEU域内に住む個人であっても、そのデータを管理するのが米企業であれば管轄権をおよぼすことが可能というクラウド法の狙いとGDPRは衝突する。現在、法律の専門家によって詳しい検討が行われている途上にある。[*18]

データセンターの場所選びの際には、地政学的なリスクの低さも重要である。韓国のオンラインサービス大手企業ネイバーは2020年7月に「香港に保存されていた全てのデータは削除された」と対外的に発表した。[*19]背景には2020年6月施行された香港の国家安全法の存在がある。同法は条文の表現に曖昧な点が残るものの、総じて中国中央政府に対してこれまでにない権力を与える。これにより香港において、ネイバーに対してユーザ情報などを引き渡す命令が中国政府から下る可能性が増えた。ネイバーはそのような命令が行われる前に、同社のデータを香港からシンガポールのデータセンターに移す作業を終えた。データセンター事業者は各国の制度の変化に敏感であり、自分たちに不利な制度が生まれづらい、政治的に安定している場所を求める。

地政学的リスクの一変数として重要なのがデータの独立性である。

現在、アイルランドには大手IT企業のエンタープライズデータセンターやコロケーションデータセンターがひしめいている。アイルランドという政治経済の中心地とは言い難い国に、なぜデータセンターが集まるのか。同地にいち早くデータセンターを設けたマイクロソフトはその理由を、税制や気候もあるが、データの独立性を維持するカルチャーが大きいとした。[*20] スイスの銀行が、顧客の情報を漏らさないという評判によって金を集めたのと同じように、アイルランド政府とアイルランドのデータセンターはデータの独立性を重要視する姿勢を明らかにし、誘致を行っている。現在のところデータの独立性が高いのはスイス、カナダ、オランダ、オーストラリアなどと目されている。[*21]

以上、税制、法制、地政学的なリスク、データの独立性などを検討してきた。その他にも、

---

*18 Klaus Foitzick, "U.S. CLOUD Act vs. GDPR", activeMind.Legal, 2020.2.29, https://www.activemind.legal/guides/us-cloud-act/

*19 Park Chan-kyong, "National security law: Naver moves data centre from Hong Kong to Singapore", *South China Morning Post*, 2020.7.21, https://www.scmp.com/week-asia/politics/article/3094084/national-security-law-naver-moves-data-centre-hong-kong

*20 Brad Smith and Carol Ann Browne. *Tools and Weapons: The Promise and the Peril of the Digital Age*. Kindle Edi. Hodder & Stoughton, 2019. p44

*21 Cushman & Wakefield, "2024 Global Data Center Market Comparison", 2020, https://www.cushmanwakefield.com/en/insights/global-data-center-market-comparison

地価、工事のスピード、ローカル企業からのデータセンター需要の高さ、周辺の人口、既に稼働しているデータセンターの稼働率の高さなどが考慮要素として考えられる。

データが持つ重力＝データグラビティとは

千葉ニュータウンに立ち並ぶデータセンターから、サイバースペースのインフラの進化あるいは変化に一定の方向性を見出すことができるだろうか。ここからはデータグラビティという視点を用いて、データセンターの進化を分析していきたい。

インターネットやサイバースペースは集約に向かっている。何事も集約して管理するほうが効率が良い。良いサービスが、多くのユーザを惹(ひ)きつける。多くのユーザはより多くのデータをもたらす。多くのデータを得た企業はそれを糧にさらに良いサービスを生み出す。このサイクルが繰り返された結果、少数の企業によって多くの人のデータが握られている状態が生まれている。米中両国を股にかけ活躍する台湾生まれのベンチャーキャピタリストであるカイフー・リー（李開復）が予測する、「取り残された他国がおこぼれを拾っているあいだに、AI超大国は自国内で生産性を高め、世界各地から利益を吸い取っていくだろう」[*22]という未来は決して絵空事ではない。データがデータを惹きつけるということは、データセンターもまたデータセンターを惹きつけるということではないだろうか。

実際にデータセンターの集約は進んでいるとみられる。世界中に数多くのデータセンターがあるが、この運営を行うデータセンター事業者の数は少なくなってきている。米国においては、エクイニクスやデジタルリアルティ（Digital Reality）やレイジングワイヤー（RagingWire）が大手データセンター事業者として有名である。日本においては、延床面積の観点から富士通やアット東京、NTTグループなどがあげられる。現在グローバルのトップを走るデータセンター事業者は活発に、他社の施設や他社そのものの経営権を手に入れるための交渉を行っている。

データセンター事業者の買収金額は高騰している。つまりデータセンターの価値が上昇している。前述の米国西海岸のキャリアホテルはわずか7年で価値が50％上昇している。背景にはコロナ禍の影響もある。リモートワークが広がり、不動産取引市場におけるオフィスビルの価値が下がった。対してサイバースペースが社会インフラとして不可欠であるという認識が浸透し、データセンターへの投資を引き寄せた。日本国内のデータセンター事業者からはデータセンター投資が過熱気味であることを懸念する声も聞かれた。

＊22　李開復（カイフー・リー）『ＡＩ世界秩序――米中が支配する「雇用なき未来」』上野元美訳、日本経済新聞出版、２０２０年、２２４～２２５頁

また多くのデータセンター設備が通信会社からデータセンター専業の事業者に売却されている点も興味深い。２０１０年代後半にベライゾン、ベルカナダ、ＡＴ＆Ｔ、センチュリーリンクなどの有力通信会社がこぞってデータセンターを手放した。通信会社にしてみると、データセンターの運用には独特のノウハウなどが多く、本業の通信事業に専念したほうが経済的という判断があったと見られる。*23

見えるものと見えないもの

人々が日々送受信する、数え切れない数のリクエストは、電波を使って街の中を飛び交い、海底ケーブルをたどって海を越え、そして最終的に現実の場所にたどり着く。それがデータセンターである。電脳空間、クラウドなどと呼ばれつかみどころがないサイバースペースは、データセンターという実態を伴う。

データセンターは温度管理や安定した電力供給、通信スピードなどの要求を満たすために発展してきた。近年の革新を支えるのはクラウド事業者間の熾烈な競争に拠（よ）るところが大きい。そして、データセンターは大型化し、また特定地域に複数事業者のデータセンターが集結することによってデータセンターキャンパスを形成し、さらに熾烈な企業買収が現在進行している。それが行き着く先は、少数の企業によって多くの人のデータが寡占される状態で

千葉ニュータウン中央駅付近の衛星写真。データセンターや物流倉庫の巨大な建物が住宅地の近くに林立する。
（Image © 2024 Maxar Technologies）

ある。

千葉ニュータウンの巨大なデータセンター群は、本来は目に見えないサイバースペースの膨張を、誰の目にもわかりやすく見せてくれる。タケノコのようなスピードで

＊23　一方で、日本のNTTコミュニケーションズが当時米国シェア3位であったレイジングワイヤー社を買収した。2014年に同社の80％の株式を約340億円で取得し、2017年に完了した。これは、通信会社がデータセンター事業から撤退する流れと逆行しており、意思決定のプロセスは今後の研究課題である。
　当時のNTTコミュニケーションズは他にも、通信インフラ関連で大規模な買収を行っていた。たとえば、2000年にベリオ社を6000億円で、2010年に南アフリカに本社を持つ大手ITベンダー、ディメンションデータ社を約3000億円で買収した。

「生える」データセンターの一つのフロアに、無数のラックが立ち並び、そのラックの中に設置されたサーバに、私のアイデンティティのコピーが置かれている。数十年にわたる私と私の家族や友人が交わしたメールやチャットや写真や電話の音声が全て置かれている。私という人間の魂が置かれているといってもいい。だからだろうか、いやその割に、外から眺めるデータセンターは他人行儀で取り付く島がなかった。

小泉コラム　「重心」としてのデータセンター

「この旅を千葉から始める」。本書の企画会議で出た小宮山の言葉に痺(しび)れた。学生時代からそれなりにＳＦ読みであった私にとって、『ニューロマンサー』から始まるギブスンのサイバーパンク三部作は聖典の如き存在である。その物語のスタート地点が千葉なのだ。

といっても、それは、私が生まれ育った千葉県ではない。ギブスンが描いた千葉は、第三次世界大戦後の暗黒都市である。空はテレビの空きチャンネルのような色で本当の色がわからず、サイバー犯罪者、ヤクザ、ニンジャが暗躍する。畑の中に建売住宅が並ぶ、現実の千葉とはどうにも結びつかない。

ところが小宮山と千葉ニュータウンを半日歩き回ってみると、その印象はまた変わった。そこにデータセンターが次々と建設されていることは知識として知っていたのだが、実際に見てみると圧倒的であった。空き地ばかりが広がり、「バブルの夢の跡」という風情だったニュータウンの周辺には、アマゾンやグーグルといった世界的テックカンパニーの巨大なデータセンターが立ち並び、街区そのものもオーストラリア企業によって整備し直されていた。あたりを見回しても、様々な人種の外国人がバスを待ったりカフェでノートPCを開いていたりするのが目に付く。テックカンパニーの従業員たちなのだろう。ギブスンの描いたのとは少し違うが、私の記憶の中にあるのともまた確実に違う千葉の姿がそこにはあった。千葉ニュータウンの各エリアを貫いて延びる国道464号線が外環（東京外かく環状道路）に接続されれば、風景はさらに変わっていくのかもしれない。

　ちなみにこの短い旅の間、頭上にはいつも低い音が鳴り響いていた。近くの海上自衛隊下総（しもふさ）航空基地から発進してくるP－3C哨戒（しょうかい）機のエンジン音である。P－3Cはオホーツク海や日本海を遊弋（ゆうよく）するソ連原潜を探知するための切り札として冷戦末期から海上自衛隊への配備が始まった。もしも第三次世界大戦が本当に起きていたなら、下総基地は真っ先に核攻撃のターゲットになっていたに違いない。その時、千葉はギブスンの描いたような暗黒都市として再生しただろうか。あるいは単に巨大なクレーターが穿（うが）たれた不毛の大地が残っただけだろうか。

　ところで、小宮山が述べるようにサイバーインフラが集約化に向かうモメンタム、すなわちデータグラビティのような力学が働くなら、これは安全保障上の問題に繋がってこよう。グラビティを軍事用語では「重心」と訳す。19世紀プロイセンの軍人・軍事理論家として知られるカール・フォン・クラウゼヴィッツによれば、それは、敵を打倒するためにあらゆる努力を集中すべき一点のことである。このように考えるならば、一見平和な空の下に広がる千葉ニュータウンは、21世紀の世界における重心になりつつあると言えなくもない。

もちろん、各社ともにデータセンターの保護にはそれなりの配慮を行っていることは、小宮山が書いた通りではある。デカデカと自社の名前を出しているのはグーグルのデータセンターくらいで、大抵は目の前まで行っても何のための建物であるのかもわからない。実際、今回の旅では小宮山も知らない建物ができており、その形状からおそらくデータセンターであろう、と見当をつける一幕もあった。周囲は監視カメラやセンサーの付いた壁で囲まれ、窓もほとんどないから、近所に暮らしている住民でさえ、それがデータセンターであると知らない人は少なからずいるのではないだろうか。

不審者の侵入を防ぐという程度であれば、これで十分なのだろう。しかし、繰り返すならば、「重心」とは軍隊があらゆる努力を集中すべき一点である。我々の生活や経済がサイバースペースへの依存を強めるほど、「重心」の持つ引力は強くなっていく。言い換えるなら、軍事目標としての重要性は高まる。もしも今、日本が戦争に巻き込まれるなら、千葉ニュータウンのデータセンターが何らかの攻撃（それはサイバー空間におけるものかもしれないし、物理的攻撃であるかもしれない）を受ける確率は非常に高いと言えるだろう。こうした懸念については、後の第5章で詳しく扱うことにしたい。

ともあれ、我々の旅はたしかに千葉から始まったわけである。

第2章

日本がサイバースペースと初めて繋がった地

～長崎市～

小宮山功一朗

ラーメン店の火災がネットを止めるわけ

ロシアのウクライナへの侵攻を契機にサイバースペース、とりわけ、通信インフラへの関心が強まった。だが実は、ロシア軍の戦車が、国境を越えてウクライナへ侵攻する以前から、ロシア軍によるものとみられるウクライナのサイバースペースへの攻撃は確認されていた。

衛星通信事業者ヴィアサットはＫＡ－ＳＡＴという通信衛星の運用とサービス提供を行っている。同社はウクライナを含むヨーロッパの複数の国の顧客にＫＡ－ＳＡＴを用いたインターネットサービスを提供していた。

ロシア軍が国境を越えてウクライナ領内に侵攻する数時間前に、ヴィアサットのインターネットサービスが突然利用不能となった。同社が管理する、衛星と通信を行うための地上側の機器が、何者かによって細工され正しく動作しなくなったのが原因である。影響はドイツなど他のヨーロッパ諸国にもおよんだ。ウクライナ政府や軍もこのサービスを利用していたため、ウクライナ政府高官はこれが戦争初期における大きな痛手であったと振り返っている。[*1]

ウクライナ国民にとって最も身近な通信インフラである携帯電話網も大きな被害を受けた。同国最大の移動通信サービス事業者であるウクルテレコムの幹部は、２０２２年の3月末に行われたインタビューで、開戦時に30％の国外への接続を失い、国内においてサービス提供可能なエリアが戦争前から16％減少したと語り、同社の無線基地局を繋ぐ光ファイバーケーブルに激しい物理的攻撃が行われたことを明かした。同社の技術者は車中泊し、ロシア軍の目に留まりにくい深夜に、凍った地面を掘り返し、切断されたケーブルを繋ぎなおすという作業を繰り返していた。[*2]

このように有事の際に通信インフラが戦闘行為で失われるリスクについては繰り返し語られてきた。一方で、平時から通信インフラが利用可能な状態を維持することの難しさはあまり理解されていないのではないか。

たとえば、２０２３年７月、福岡県久留米市の久留米駅前の人気ラーメン店で火災が発生した。幸いにも火災によるケガ人はいなかったが、ラーメン店は全焼し、近隣住宅にも延焼した。実は、このラーメン店のすぐ近くの何の変哲もない電信柱には複数の通信事業者の設備が収容されており、火災によってこれが機能停止した。結果として久留米市役所は一時的にインターネットが使用不可能となった。被害は久留米市内の各所に広がっただけでなく、

＊1　David Cattler and Daniel Black, "The Myth of the Missing Cyberwar: Russia's Hacking Succeeded in Ukraine - And Poses a Threat Elsewhere, Too", *Foreign Affairs*, 2022.4.6.
＊2　Daryna Antoniuk, "An interview with the chief technical officer at Ukrtelecom", *The Record*, 2022.3.28, https://therecord.media/ukrtelecom-interview-dmytro-mykytiuk/

佐賀県鳥栖市など近隣にも通信トラブルの影響がおよんだ。

ラーメン店の火災が広範な地域に影響をおよぼしサイバースペースの停止を招くという事実から、三つのことが言える。

一つは、サイバースペースの安定を脅かすリスクは、戦争や国家間のスパイ行為から自然災害、火事まで多岐にわたるということである。安全保障関連のリスクも幅広いリスクのうちの一部分と捉える必要がある。

二つめに、通信インフラは日本中、世界中に張り巡らされているが、重要な機器が集まる場所（チョークポイント）が存在するということである。久留米市の例では、その場所がたまたまラーメン店の近くにあり火災の影響を受けたことになる。

三つめに、スマホの5G通信やWi－Fiでのインターネット通信、人工衛星を介した通信に目が奪われがちだが、それらはあくまでも最終消費者たるユーザをサイバースペースに繋ぐ部分などに限定されており、サイバースペースを流れるデータのおよそ9割以上が有線のケーブルを通じてやりとりされているということである。本章ではそのケーブルに目を向ける。

世界はどう繋がっているのか

サイバースペースを流れるデータはどのように物理的な経路をたどって、我々の手元に届くのだろうか。日本国内で隣の市区町村に住む人とのやりとりであれば、それは電信柱を使って街中に張り巡らされた、あるいは地下のトンネルに埋め込まれた通信回線が使われる。多くの読者の想定の通りであろう。

対して外国とのやりとりは99％が海底ケーブルを使って運ばれると言われている。一昔前まで、スポーツイベントやニュースで「衛星中継」という言葉を見る機会が多かったのが理由だろうか、海外とのやりとりは人工衛星を経由して無線通信で行われているという誤解が今も根強い。実際のところ、人工衛星を使った通信は全体の1％に過ぎないと推計されている。[*3] 単純に通信の「量」の観点で考えれば、海底ケーブルこそが日本を世界と繋げる大動脈である。

英国の調査会社テレジオグラフィーによれば、2024年1月現在、世界には574本、総延長140万キロメートルの稼働中および計画中の海底ケーブルが存在している。[*4] 地球を35周する長さの海底ケーブルは、世界の主要な都市を接続している。たとえば大西洋を横断

＊3　米国連邦通信委員会は、衛星を使った通信は全体のおよそ0・37％と推計した。https://www.fcc.gov/circuit-status-report

し英国と米国東海岸を接続したり、太平洋を横断し日本と米国西海岸を接続したりするのが代表例である。

長いこと海底ケーブルは各国の企業や政府が合同で計画するものが一般的だった。このようなものを「コンソーシアムケーブル」と呼ぶ。日本で言えばＮＴＴやＫＤＤＩやソフトバンクなどが、各国の通信事業者と共同でケーブルを敷設する。巨額の設備投資を共同で負担できるし、敷設や修理に必要な地元の協力を得やすい。一方近年増えているのが、グーグルやメタなどの桁違いの資金力を持つ巨大テックカンパニーが一企業で費用を丸抱えする「プライベートケーブル」である。

複数の海底ケーブルでいくつもの海外主要都市と接続されている国の場合、そのうちの１本にトラブルが起きたとしてもインターネットが全く繋がらなくなることはない。[*5] 海底ケーブルは海岸線近くに設置された陸上局（りくあげ）と呼ばれる地上の施設に接続され、そこから大都市の中心部まで地上や地中を通るケーブルによってデータが伝えられる。言うまでもなくこれらのケーブルなしにサイバースペースはたちゆかない。

サイバースペースと地理条件の密接な関係

海底ケーブルによって世界を繋ぐ際には、地理的な制約を考慮する必要がある。たとえば、オーストラリアと外国を結ぶ海底ケーブルの多くが約50キロメートルの海岸線に集中している。[*6]日本は長い海岸線を有する島国だが、ケーブルを陸上げできるポイントは限られている。海底のなだらかさ、利用者が多く存在する大都市やデータセンターへの近さ、漁業など他産業への影響の小ささなどの条件を備える土地は日本においても限られているからだ。

そのような地理的な制約が存在するため、現在の海底ケーブルのルートは、19世紀に往来が活発であった海の交易路と似ている。[*7]マラッカ海峡やスエズ運河などの海上交通の要衝は、海底ケーブルのルートとしてもやはり重要なポイントである。海底ケーブル一つとってもサイバースペースのインフラは地理的条件に強く制約されている。

本書の一つのテーマである地政学とは、国境の位置と形態、地形や気候などの自然環境、

＊4　2024 TeleGeography, "Submarine Cable 101".

＊5　日本のような島国では、たとえば北海道や九州と本州、あるいは離島と本土を繋ぐ短距離の国内海底ケーブルも複数存在する。本章では正しくは「国際海底ケーブル」と呼ぶべき、複数の国にまたがって接続するものを単に海底ケーブルと表記している。

＊6　Nicole Starosielski, *The Undersea Network (Sign, Storage, Transmission)*. Duke University Press, 2015, p.11.

＊7　ABC News. "Undersea fibre optic cables could be the next geopolitical frontier" 2023.12.20, https://www.youtube.com/watch?v=ayAmTpgwlsU

資源の分布に代表される地理的な要因が、国家の安全保障や外交政策、経済政策に与える影響を読み解く学問である。仮想の世界と捉えられたサイバースペースと地政学という一見関係のない二つの領域を接続して考える理由はここにある。

現代のサイバースペースを支える海底ケーブルというインフラを分析しようとすると、どうしてもサイバースペース以前に国際電気通信を実現した「電信」について考えざるを得ない。インターネットは考案されてから50年以上、実用化されてから30年以上が経っている。そのインターネットが生まれる以前に世界中を繋いでいたのが電信である。電信は欧米において都市間を繋ぐために利用されたが、やがて海底にケーブルが敷設され、複数の国にまたがる国際通信を実現した。

電信が画期的だったのは「離れた場所への情報の流れを、人、動物、郵便などの物理的な移動から切り離した」点にある。[*8] 18世紀にこの発明が実用化され、19世紀になって主に大英帝国の覇権を支える技術として世界に普及していった。電信のスピードが世界を小さくしたとも言える。

1866年には大西洋ケーブルが安定稼働するようになり英国と米国が繋がった。その数年後には英国とインド間の通信が可能となった。19世紀後半から第一次世界大戦前にかけて英国が主導したグローバリゼーションは、電信と汽船と鉄道という三つの技術の賜物であった。[*9] 英国は世界中に海底ケーブルを張り巡らせた。1887年時点で世界全体の約70%、1894年時点で約63%のケーブルが英国の保有するものであった。[*10]
英国の海底ケーブルが世界を席巻した大きな理由は素材の独占にあった。海底ケーブルは長期にわたって内部の電線を保護し、海水から絶縁するための素材を必要とする。ボルネオなど東南アジアで採取できるガタパーチャという天然ゴムの一種がこれを可能にする唯一の素材だった。ガタパーチャの生産、供給を独占するために英国はボルネオを植民地支配していた。つまり英国だけが、ガタパーチャで保護した海底ケーブルの製造が可能だったのである。[*11]
生まれたばかりの明治政府も鉄道と電信の敷設に力を注いだ。それが国家統一の根幹という認識があった。[*12] しかし江戸末期、明治初期の日本に海底ケーブルを敷設する技術も、電信網を自ら保守する能力もなかった。資金も乏しかった。自力で電信網を構築できない日本は、

＊8　貴志俊彦、石橋悠人、石井香江編『情報・通信・メディアの歴史を考える（いまを知る、現代を考える山川歴史講座）』山川出版社、2023年、18頁
＊9　荒井良雄「交通・通信インフラから見た極東日本のグローバル化」『地理学評論』90巻4号（2017）：279〜281頁
＊10　竹田いさみ『海の地政学――覇権をめぐる400年史』中公新書、2019年、26頁

諸外国政府や企業からの協力を必要とした。しかしそれは、一つ間違えると通信という国家の主要な事業を、そのまま諸外国の影響の下に差し出すことに繋がりかねない。そのようなジレンマに悩んだ明治政府は、長崎に目をつけた。

長崎はサイバースペースの玄関口でもあった

長崎は、世界に初めて繋がった日本の都市である。出島があり、長崎奉行所という特別な行政組織が設置され、諸外国との交易と交流を一手に担っていたという長崎の位置づけを踏まえればそれは当然の成り行きとも言えるかもしれない。長崎にとっての鎖国は1850年代に終わった。英国に長崎港が開放され（1854年）、欧米5カ国に対して自由貿易港となった。

1870年、デンマークの大北電信会社（以後、大北電信）がシベリア横断の電信線の日本への延伸を明治政府に申し入れた。この時点で、大北電信はユーラシア大陸を東西に横切る通信路を持っていた。英国のニューキャッスルからデンマークのコペンハーゲンを通り、サンクトペテルブルク、中国内陸部を経由してウラジオストクまでを接続する長大な通信路である。

大北電信の当初の要望は、ウラジオストクから横浜へのケーブル敷設だった。ウラジオストクや上海などの国際都市と横浜を接続することをもくろんでいたようである。だが、外国籍企業の参入を遅らせ、国内の情報を制御するために、明治政府は大北電信に対して、長崎への海底ケーブルの陸上げと同地での電信事業を行うことを条件として提示した[*13]。明治政府の許可を得た大北電信は、1871年8月4日に長崎と上海を、1872年1月1日に長崎とウラジオストクを結ぶ海底ケーブルを敷設した。1873年には長崎‐上海間のケーブルが二重化された[*14]。電信は大都市を経由しながら最終的な目的地に届けられる。電信は長崎からウラジオストクにわたり、そこからハルビン、サンクトペテルブルク、コペン

＊11　日本はその後およそ50年にわたり、海底ケーブルを英国からの輸入に依存した。第一次世界大戦を機にガタパーチャを使った海底ケーブルの輸入が途絶え、古河電工がガタパーチャ海底ケーブルの製造に成功するのは1920年頃のことである（日本電信電話公社海底線施設事務所編『海底線百年の歩み』電気通信協会、2017年、211頁）。

＊12　鈴木健二『デジタルは「国民＝国家」を溶かす――新メディアの越境・集中・対抗』日本評論社、2007年、102頁

＊13　この合意は、1870年9月20日に伝信機条約書（対デンマーク国電信約定）として締結された。

＊14　YouTube根室市公式チャンネル「にっぽん『四極』陸揚庫会議―根室」より、長崎県文化振興・世界遺産課　斎藤義朗「【長崎県指定史跡】国際海底電線小ヶ倉陸揚庫について」、2022年12月23日。https://www.youtube.com/watch?v=c69wKg3E9bU

ハーゲン、ニューキャッスルに届けられた。長崎から上海へとわたった電信は南回りで、香港、サイゴン、シンガポール、インド、最終的にロンドンへと届けられた。

長崎と上海およびウラジオストクが結ばれ、国際電気通信が可能となったからといって、現代の我々が想像するような、瞬時の情報交換が可能となったわけではない。日本と欧米の

THE
GREAT NORTHERN TELEGRAPH
CHINA & JAPAN EXTENSION COMPANY.

FROM Tuesday the 21st November, the line was opened to Europe via Wladiwostock through Siberia; and Telegrams will be forwarded and charged in accordance with the Tariff attached below.

The Station will be open for the reception of messages day and night.

Rates between Nagasaki, Shanghai and Hongkong, as well as for messages forwarded beyond Hongkong, as hitherto.

Charges from Hongkong, Shanghai and Nagasaki for 20 words.

Austria and Hungary,	$ 20:60
Baden,	„ 20:60
Bavaria,	„ 20:60
Belgium,	„ 20:70
Denmark,	„ 20:60
France,	„ 21:10
Channel Islands (Jersey, Guernsey, Alderney,)	„ 21:70
Germany (North,)	„ 20:50
Great Britain and Ireland, London,	„ 21:40
„ „ Other Stations,	„ 21:60
Greece,	„ 21:00
Holland,	„ 20:60
India, Stations West of Chittagong, Sea line and India,	„ 29:60
Ceylon and Stations East of Chittagong, Sea line and India,	„ 30:60
Italy,	„ 21:20
Luxembourg,	„ 20:60
Norway,	„ 20:70
Persia,	„ 21:50
Portugal,	„ 21:80
Russia, Europe,	„ 19:40

長崎から世界各地への電信の料金表。20 単語あたりの料金は、イギリス、フランスなどで約 21 ドルであった。（The Nagasaki Express 1871 年 11 月 25 日、長崎歴史文化博物館収蔵）

間の通信は、速いもので2~3日、遅いもので10日程度の時間を要した。また、欧米から日本への情報の「受信」の速さと比べると、日本から欧米への「発信」には時間がかかるなど、伝達速度の非対称性もあった。[*15] とはいえ欧米を歴訪中の岩倉使節団の動静がわずか数日遅れで東京に届けられるなど、電信がなかった船便時代と比較すれば極めて高速に情報が伝達されたのは事実である。1906年に東京 - グアム間に海底ケーブルが結ばれるまでの30年以上にわたり、長崎は国際電気通信の要であった。

長崎に今も残る当時の記憶

長崎には現在でも当時の電信の実態を偲(しの)ばせる資料や建物が残っている。長崎歴史文化博物館には、海底ケーブルの陸上げを命ずる明治政府の命令書が残っている。また当時の長崎の外国人居留地で発行されていた地域新聞には、前ページの写真の通り、電信を各都市に送信する場合の料金表が繰り返し掲載されており、電信が広く商用利用されていたことを窺わせる。

大北電信が1871年に長崎に海底ケーブルを陸上げしたことは既に述べた。この時陸上

---

*15 大野哲弥『国際通信史でみる明治日本』成文社、2012年、52~70頁

国際海底電線小ヶ倉陸揚庫（著者撮影）

げしたケーブルを地上線に接続し、長崎市内へ中継し、電信の信号の送受信を行う陸上局（陸揚庫とも）という建物が建設された。港湾整備のため、当初の場所から移設されたが、現在でも長崎市が保存・管理している。上の写真の通り、レンガ造りの頑丈な建物で建設から150年経っても、当時の姿を偲ぶことができる。

長崎に陸上げされたケーブルは、個人の畑の中を通り、市内にある大北電信長崎支局の建物に引き込まれた。長崎支局の建物は既に存在しないが、その場所には「国際電信発祥の地」という碑が誇らしげに残されている。

通信の主権と大北電信

かくして、日本は長崎という玄関口を通して世界の電気通信ネットワークと接続した。情報の伝達速度は飛躍的に改善され、欧州での出来事を数日の遅れがあるとはいえ知ることが可能となった。ただ、電信の歴史の研究者は、電信という技術が無条件に日本の国益に貢献したとは考えていない。このことは、サイバースペースの未来を考える上でも無視できない。たとえば石橋悠人は、日本はヨーロッパに繋がる通信線を得ることができたが、同時に西洋諸国が手中に収める世界的な電信網に組み込まれてしまったと指摘している。[*16]電信によって日本はグローバルシステムの一部となることを余儀なくされたというのである。

この背景には、大北電信と日本政府との間の特殊な取り決めがある。1882年に日本政府は長崎と釜山を結ぶ海底ケーブルの敷設を大北電信に要請し、その対価として大北電信に対して日本の国際通信を独占する権利を与えた。以後30年間にわたり日本は近隣国との間のケーブル敷設と運用を大北電信の手に委ねることになった。

日本発着の電信は大北電信が独占して扱うということになれば、そこに価格競争はなく、通信料は常に高価であった。デンマークの大北電信、英国の大東電信、米国の太平洋ケーブル会社がアジアでの3大電信事業者だったが、これらの事業者の間でカルテル協定があったこともわかっている。[*17]少数の電信事業者は過度な競争よりも、事業者間の合意で収益を抜け

＊16　貴志、石橋、石井編『情報・通信・メディアの歴史を考える』、23頁

目なく確保するほうを選んだ。

　経済的な損失も大きかったが、それにも増して情報の保護、特に軍事情報の保護が大きな課題となった。たとえば日清戦争の際には、大陸にいる軍と大本営との間で絶え間ないやりとりが必要となった。それらは当時唯一日本と朝鮮半島を結んでいた大北電信の敷設した長崎−釜山間のケーブルを通じて運ばれた。通信内容が暗号化されているとはいえ、通信の内容がデンマークの企業の手にわたるリスクが残る。内容が読めなくとも発信元と受信先とその頻度だけで様々な推測が可能になる。

　30年にわたり国際通信の独占を許した1882年の日本政府の決定は失策だったという評価が主流である。しかし、当時の日本にその他の選択肢がほとんどなかったのも事実である。清と日本との間で揺れる朝鮮に対して積極的に働きかけようとする当時の日本にとって、海底ケーブルと、それに繋がる釜山からソウルまでの地上ケーブルを整備し、東京とソウルの間の通信を確保することは喫緊の課題であったに違いない。一方で、前述の通り日本ではガタパーチャなどの海底ケーブル製造に必要な物資がなく、またケーブル敷設のノウハウもない。誰の力も借りずに自前で敷設することは事実上不可能である。

　さらに当時の国際社会では一企業が陸上げ独占権を取得し、その国の国際通信を一手に引き受けるのが主流だった。国連の機関、国際電気通信連合（ＩＴＵ）が発足し、国家が電気通信を規律する主権を尊重するという国際原則が確立されたのは1947年のことである。[18]
いずれにせよ、日本政府は大北電信に大きく譲歩し、30年間の独占を許し、それは大きな経済的、軍事的損失をもたらした。

増える通信路と軍事海底ケーブル

大北電信が長崎からウラジオストクと上海にそれぞれ2本の海底ケーブルを敷設したのが1883年のことである。電信の有用性は明らかであり、特に大陸や朝鮮半島での活動を強化している日本軍は、軍用の海底ケーブルを必要とした。長崎－大連間（1904年、1921年）、長崎－上海間（1915年）、松江－元山間、下関－釜山間など複数の海底ケーブルがその後も続々と陸海軍によって敷設された。また日清戦争に際して、陸軍は釜山からソウルを通って清国へと繋がる地上ケーブルを建設した。

長崎に関して言えば、大北電信が保有する4本のケーブル以外に、陸海軍が保有する台湾

*17　D・R・ヘッドリク『インヴィジブル・ウェポン――電信と情報の世界史　1851－1945』横井勝彦、渡辺昭一監訳、日本経済評論社、2013年、133頁
*18　荒井「交通・通信インフラから見た極東日本のグローバル化」、294頁

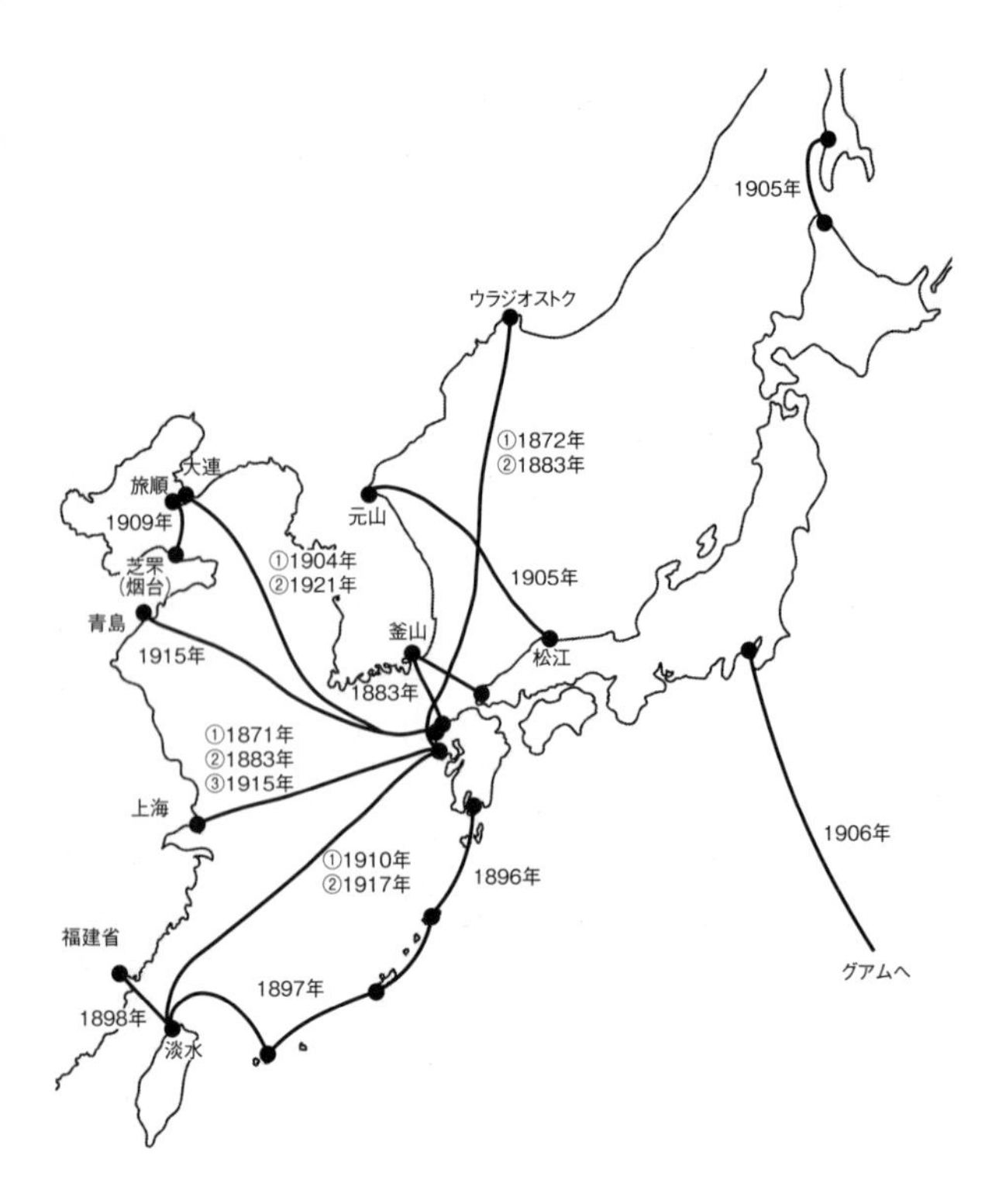

主要な海底ケーブル（1871 ～ 1923 年、海底線施設事務所「海底線百年の歩み」などをもとに作成）

2本、上海1本、大連1本のケーブルが存在し、これらを総称して「たこの八本足」と呼んでいたという。[*19]

このように次々と新しい海底ケーブルができたのは1920年頃までで、それ以後、新規の海底ケーブル敷設の数は減ったようである。その理由としては戦略物資であるケーブルそのものの調達が難しくなったことが考えられる。また1902年にイタリア人発明家のマルコーニが大西洋横断無線電信に成功し、その後無線が徐々に実用化されていく。大北電信に国際通信独占を許し、有線通信を握られていた日本は、無線通信の活用に積極的であった。絶え間ない技術革新によって、とるべき戦略が目まぐるしく変わるのは、現代と相違がない。

*19 国際電信電話株式会社長崎国際電報局編集『蒼い海を走る――長崎国際電報局史話』国際電信電話株式会社資料センター、1969年、68頁

小泉コラム　「ニイタカヤマノボレ」を送信した無線塔

千葉ニュータウンから南西に10キロメートルほど行った船橋市行田(ぎょうだ)には、奇妙な地形で知られる場所がある。中山競馬場の東隣、JR武蔵野線を挟んで向かい合う一帯が、ほぼ正確に円形の道路で囲まれているのだ。円の直径は約800メートルというところで、その内部は団地、公園、税務大学校、小中学校などに分かれている。巨大なピザを出鱈目(でたらめ)に切り分けた、というふうに見えないでもない。

「ピザ」の原型は、1915年に作られた。当時の日本海軍が建設した無線通信施設「船橋無線電信所」がそれであり、後に逓信省の「船橋無線電信局」も併設された。遠く外洋に展開した艦艇との通信やハワイ、欧州方面との超長波通信を行うために建設されたもので、当初は高さ200メートルの主塔と高さ60メートルの副塔18本から構成されていたという。[*20] 主塔から副塔へ向けて通信用の空中線が放射状に張り出された姿は「傘」にたとえられ、当時のランドマークとして船橋市歌や小中学校の校歌にも歌い込まれた。この主塔と副塔の間隔が400メートルであったた

船橋市行田の無線電信所跡（提供：船橋市）

め、直径800メートルの「ピザ」状地形が必要とされたわけである。

　その中心部、現在では千葉県立行田公園となっている場所を訪れてみると、コンクリートで作られた小さな記念碑があり、土台部分には「船橋無線塔記念碑」と刻まれたプレートとその由来を示す簡単な説明書きが掛かっていた。逆に言えば、かつてここに海軍の巨大通信塔が存在していたことを窺わせるものはこのくらいである（他にも「海軍」と刻まれた標識柱がまだ現存するようだが、見つけられなかった）。

　それでもこの場所を訪れてみたかった理由は、第二次世界大戦に際して通信塔が果たした役割にある。説明書きの一部を抜粋してみよう。

「昭和十六年（一九四一年）の頃には長短波用の大アンテナ群が完成し太平洋戦争開幕を告げる『ニイタカヤマノボレ一二〇八』の電波もここから出た。」

この短い文章から読み取れることは二つある。第一に、太平洋戦争開戦当時、船橋の海軍通信施設は当初の姿から大きく変容していた。主塔と副塔から成る「傘」状アンテナ群は解体され、様々な周波数帯に対応した複数のアンテナ群が代わりに建てられたのである。そのために敷地自体も南北に拡張されたほか、施設の名称も幾度かの変遷を経て、「東京海軍通信隊船橋分遣隊」と改称されていた。

第二点については言うまでもない。対米開戦の日付が決定されたことを示す「ニイタカヤマノボレ一二〇八」の電文を送信した場所が、この船橋であったということだ。より正確に言えば、この時点における船橋分遣隊は純粋に軍用無線の送信端末という位置づけになっていたから、電文のキーが叩かれた場所は船橋ではなかった。電文の送信地は広島県呉の柱島泊地に停泊した戦艦「長門（ながと）」であり、それが陸上ケーブルを経由して船橋の巨大アンテナに届けられたのである。*21

また、「ニイタカヤマノボレ一二〇八」を送信したアンテナは、船橋のものだけではない。「長門」から発信された電文は潜航中の潜水艦にも届くように、愛知県の依佐美送信所にあった超長波通信施設からも同時に送信されたし、これらの電波を受信した青森の大湊、長崎の佐世保、横須賀の夏島、マーシャル諸島のクェゼリン、シンガポール、インドネシアのスラバヤの各通信隊によってさらに中継されていった。[*22] 帝国日本のサイバースペースはこの当時、既に西太平洋全域をカバーする広がりを持っていたことになる。

戦後、船橋分遣隊の通信施設は米軍に接収され、逓信省の「船橋特別無線送信所」および米軍の「米極東空軍船橋送信所」として運用されるようになった。１９６０年には米軍単独の通信施設となるが、１９６７年には日本側に返還されている。残っていた通信塔が解体されたのは、１９７１年のことであった。

＊20 「船橋無線電信所」（船橋市デジタルミュージアム）https://adeac.jp/funabashi-digital-museum/text-list/d100080/ht001610
＊21 滝口昭二『真珠湾攻撃の電文を送った無線塔――行田無線物語』22世紀アート、２０２１年
＊22 同右。

第3章
ケーブルシップの知られざる世界
～長崎市西泊（にしどまり）～

小宮山功一朗

海底ケーブル。直径2cmほどの太さだが、浅海向けには外装が施され、より太いものが使われる。(NTTワールドエンジニアリングマリン社にて著者撮影)

海底ケーブルは簡単に切れる

世界には総延長１４０万キロメートルの海底ケーブルが張り巡らされており、世界各地を繋いでいる。日本のように複数の海底ケーブルで複数の海外主要都市と接続されている国の場合、何かトラブルが起きてもインターネットが全く繋がらなくなるということはない。

日本の通信事業者が最も危機的な状況として今も記憶しているのが、２００６年の台湾沖地震である。日本から太平洋方面に敷設された海底ケーブルの多くが、地震が発生した海域を通っており、複数の海底ケーブルが次々と切断された。それでも、通信事業者による迂回経路を設定するなどの努力もあり、インターネット接続が完全に絶たれることはなかった。

我々が想像する以上にケーブルは簡単に切れる。国際ケーブル保護委員会によればケーブルの切断はだいたい年間に１００件程度発生している。ケーブルが切れる要因は、漁業によるものが全体の４割を占め、最も多い。錨（いかり）に接触する、別のケーブルと触れて傷つくなどのケースもあるし、経年劣化によって使えなくなる、自然災害などによって切断される、といった防ぎようのないケースも少なくない。[*1]

近年でも２０２２年のトンガ海底火山噴火に伴ってトンガ近海のケーブルが損傷し、高速インターネット接続が５週間にわたって利用不能になった。[*2] 意図的か偶発的かによらずケーブルの切断は避けることはできない。安定したインターネットにはこれらのケーブルを修理する能力も求められる。

２０２３年２月に台湾で発生したケーブル切断は台湾や日本の安全保障関係者を驚かせた。台湾の馬祖（ばそ）島と台湾本島の間を結ぶ海底ケーブル２本が立て続けに、中国漁船と中国貨物船によって切断されたのである。[*3] ケーブルの運用を行っている台湾最大手の通信事業者である中華電信社の関係者によれば、意図的に切断された証拠はなく、通常の漁船操業の影響と見

＊1　Mike Clare. "Submarine Cable Protection and the Environment", *THE INTERNATIONAL CABLE PROTECTION COMMITTEE (ICPC)*,2021.

＊2　海底火山噴火の1週間後には衛星通信による低速なインターネット接続が可能となっていた。噴火前の水準に戻るのに5週間を要した。

られている。[*4] これによりインターネット接続は遅くなり、１万２０００人を超える住民はショートメッセージの送信ですら10分以上かかるという不便な状況に追い込まれた。

馬祖島は台湾が実効支配する島であるが、中国大陸までおよそ20キロメートルの距離しかない特殊な位置にある。中国の漁船や貨物船の往来が多い海域のためもあって、馬祖島と台湾本島の間のケーブルは２０２１年に５回、２０２２年に４回の事故を経験している。しかし、２本が同時に切れて、ここまで深刻な通信障害が発生したのは２０２３年が初めてのことだった。中華電信社はただちに切断されたケーブルを繋ぎなおす修理船を依頼したが、それらの船が海域に到着したのは数カ月後のことであった。「ケーブルシップ」と呼ばれる、海底ケーブルの敷設や修理などの作業が可能な設備を持つ船は限られているからである。

世界的にニーズの高まるケーブルシップ

現在、ケーブルシップは世界でおよそ50～60隻あると言われる。５０００トン以上の大型のものに限ると45隻ある。米国のサブコム、フランスのオレンジマリンなどの通信事業者がケーブルシップを保有している。前述の通り、総延長１４０万キロメートル、つまり赤道35周分の海底ケーブルのどこかが年に１００回切断される。そしてそれを50隻程度のケーブルシップで保守しているのである。もちろんケーブルシップは修理だけでなく、新規の敷設や

企業	船名	就航年	トン数
NTT ワールドエンジニアリングマリン社	光洋丸 /VEGA	1984	1295t
	SUBARU	1999	9557t
	きずな	2017	8598t
KDDI ケーブルシップ社	オーシャンリンク	1992	9510t
	パシフィックリンク	1998	7660t
	ケーブルインフィニティ	2019	9766t

日本の主要なケーブルシップ

定期的な予防交換などの作業もする。ケーブルシップのニーズが高まるのは当然のことである。

日本においてケーブルの修理および敷設をできる能力を持つ会社は主に2社ある。*5 NTT系列のNTTワールドエンジニアリングマリン社（以後WEマリン）とKDDI系列のKDDIケーブルシップ社（以後KCS）である。それぞれが上の表に示した通り複数のケーブルシップを持ち、日本や世界で活躍している。

本章では知られざるサイバースペースの担い手ケーブルシッ

＊3　台湾にはおよそ14本のケーブルが陸上げされている。過去5年間で27回のケーブル障害が起きている。中国の漁船の地引網漁が主要な原因である。

＊4　Elisabeth Braw, "China Is Practicing How to Sever Taiwan's Internet: The cutoff of the Matsu Islands may be a dry run for further aggression", Foreign Policy. 2023. https://foreignpolicy.com/2023/02/21/matsu-islands-internet-cables-china-taiwan/?tpcc=recirc_latest062921

＊5　海上自衛隊はケーブル敷設艦「むろと」を保有している。ケーブルの敷設や修理の能力を持つと考えられる。詳しくは章末の小泉コラムを参照。

プに着目する。

海底ケーブルの現在と過去が交錯する場所、長崎市西泊

2023年夏のある日、我々はWEマリンの「きずな」が母港とする長崎市の西泊を訪れた。西泊はJR長崎駅がある市の中心部からバスで20分ほどの少し離れた場所にある。市内から西泊に向かうと、入り組んだ地形が特徴的な海岸線沿いに、まず三菱重工長崎造船所の広大な敷地が見えてくる。そしてそこからさらに5分ほどバスに揺られると、トンネルの先に視界が開け、WEマリンの長崎事務所が現れる。運が良ければそこに、同社のケーブルシップが停泊している。我々が取材で訪れたのは、ちょうどその日にきずなが、作業のために出港する直前というタイミングであった。

WEマリンはもともとNTT東日本から委託を受け、離島等への通信インフラを確保するのが主業務であった。日本には300を超える常時人が住む離島がある。それらの離島で快適に電話やインターネットを使うためには、離島と大都市を繋ぐ物理的なケーブルが必要となる。

長崎事務所の敷地内には大型の建物があり、その地上部には「貯線槽（ちょせんそう）」という円形の穴がいくつか存在する。同社は日本、および世界各地の海底ケーブルの保守作業を請け負ってい

長崎市西泊から出港するWEマリンの「きずな」
(2023年8月、著者撮影)

横浜大さん橋に停泊するKCSの
「ケーブルインフィニティ」
(2023年1月、著者撮影)

WEマリンの貯線槽
（著者撮影）

る。西泊には、修理に用いる、各海底ケーブルの予備の線が大量に保管されている。修理依頼があれば、ケーブルシップは、まず長崎に立ち寄り、予備のケーブルや中継機を積んで、修理作業に出発する。つまり、ここ長崎市西泊は日本国内の海底ケーブルが稼働し続けるための重要な拠点である。

　そのような重要な拠点がどうして長崎にあるかと言えば、歴史的な要因が大きい。前章で述べた通り、長崎には大北電信というデンマークの企業が敷設した、上海とウラジオストクへの海底ケーブルが陸上げされていたほか、陸軍や逓信省が敷設した「官製ケーブル」も延びていた。長崎市西泊には逓信省の工務局の支部が置かれた。戦前から戦中にかけては陸軍省の関連施設も置かれ、ここが海底ケーブルに関する工事や工作の重要拠点となったのだ。

ケーブルシップの設備

ケーブルシップには特殊な設備が必要となる。WEマリンのきずなと、KCSのケーブルインフィニティに共通の設備を紹介したい。

まずは、ケーブルタンクと呼ばれる、敷設や修理に使うケーブルを収容するスペースである。きずなもケーブルインフィニティも船体の下部につくられたこのタンクにケーブルをとぐろを巻くようにして収納する。ケーブルが「撚り」によって傷つかないように、現在でも、数千キロの長さのケーブルを収容するには手作業が必要となる。工事が立て込む時期には、夜を徹しての作業が行われるという。

海底ケーブル自体は、多いものでは48芯の光ファイバーケーブルを束ねたものに、電気を通すための層をつくり、その外側を保護と絶縁のための材料で固めてつくられている。深い海であればそのまま使うが、浅い海だと漁業その他の接触があるため、鎧装と呼ばれる、鉄線を使ってより強度を高めたケーブルを用いる。鎧装が施されているケーブルで直径およそ6センチメートルである。長距離を繋ぐ光ファイバーの場合、光の信号を増幅するために50キロメートル程度の間隔でリピーターと呼ばれる信号増幅装置が挟まれる。船にはこのリピーターを保管するスペースも設けられる。[*6]

両船ともにメインのケーブルタンクには重量にしておよそ4000トン程度のケーブルを積載可能である。深い海用の軽量なケーブルであれば、5000キロメートル相当分が搭載

ケーブルインフィニティに搭載された水中作業用ロボット
(著者撮影)

できる。東京からであればグアムまで約2500キロメートル、ハワイまで約6500キロメートルの距離がある。つまり、両船をもってしても太平洋を横断し米国と日本を繋ぐケーブルを敷設するには、補給をしながら何回かに分けて作業を進めることになる。

船体の後方には、海中からケーブルを引き揚げるための、あるいは海中にケーブルを滑らかに落とすための様々な設備が設置されている。たとえば船体最後尾にはケーブルシープと呼ばれる直径4メートル程度の大きな滑車が備えられていて、ケーブルと船体の間の摩擦を低減している。ケーブルや中継機に余計な力をかけずにケーブルを巻き上げるための設備も備わっている。これらのケーブルの敷設、回収のための設備は二つの系統に分かれており、たとえば敷設をしながら同時に回収することも可能である。

船の最高航行速度は、きずなが13ノット、ケーブルインフィニティで12ノット[*7]と同程度の船と比べて特別速度が出るわけではない。しかし、両船ともにスラスタを備えている。スラ

＊6　なお海底ケーブルの製造はOCCという日本電気（NEC）の子会社が世界でもトップクラスのシェアを誇っている。またリピーターではNEC製が広く使われている。本章では直接取り扱わないが、敷設の対象となるケーブルやリピーターや地上設備において日本企業の存在感は大きい。

＊7　時速22～25キロメートル程度である。

スタは船の横移動を可能にする装置であり、これがあることによって、ケーブルシップは海上の特定のポイントに静止したり、作業に必要な細かな移動を行ったりすることが可能になる。

船には水中作業用のロボット（ＲＯＶ）が搭載されている。水深の深い海で、海中でケーブルを探索してつかんだり、切断したり、ケーブルを敷設してその上に砂をかぶせてケーブルを保護したりする作業に用いられる。ＲＯＶは無人で、電力供給と通信のためのケーブルが船から伸びている。操作に際しては、船上に設けられた操作室からＲＯＶに指示を送る。84ページの写真に示されているように、ＲＯＶには作業用のアームがついているほか、金属を探知できるセンサーも備わっている。

高難度のＵＦＯキャッチャー

以上のような設備を使って実際にどのように故障したケーブルを修理するのか、その大まかな流れを説明したい。

ケーブルの所有者からケーブルシップ会社に修理の依頼が届くと、ケーブルシップは予備の機材を積み込んで、作業を行う海域での工事の許可などを得てから、現場に向かう。

故障した地点の付近でまず海底ケーブルを探りあてると、ケーブルを一旦切断する。切断に成功したら、片方のケーブル端を船上に引き揚げて、地上との通信が正常にできるかどうかを確認する。問題なかった場合、このケーブル端の先に目印となるブイをつけて、海底に再び沈める。そして次にもう片方のケーブル端を探りあてて、船上に引き揚げ、同じ作業を行う。このようにして故障箇所を特定し、それを取り除いてから、沈めていた最初のケーブル端を引き揚げて、船上で予備のケーブルと接続し、接続部分を海中に戻す。

これらの作業は熟練の技を必要とする。たとえば、海底ケーブルを探りあててつかむことを「捕線作業」というが、海底に設置された直径数センチの細いケーブルを、長さわずか2メートル程度のフックに引っ掛けて「釣り上げ」なければならない。仮にケーブルの故障箇所が4000メートルの深海であった場合、富士山の山頂（3776メートル）よりも高い場所から、地上にあるケーブルを釣り上げるのと同じことである。

しかもフックを落としてそれを引き揚げるのに往復で9時間が必要であり、何度も気軽に試みることができるわけではない。ある関係者は、これを「世界一難しいUFOキャッチャー」というユニークな言葉で形容した。また切断したケーブルを接続する作業は、複数の極細の光ファイバーを一つ一つ繋ぐという根気のいる作業であり、専用の機械を使って精密な加工を行うことが求められる。光ファイバーケーブルの進化が進めば進むほど修理作業は複雑化し、高度な技術や新しい設備が求められる。

能登半島地震とNTTとKDDI

言うまでもなくNTTとKDDIの2大通信事業者はビジネス上の競争関係にある。しかし、実際にケーブルシップの取材を通して、両社ともに通信を担う企業同士の協力に前向きであることを学んだ。たとえば、NTTとKDDIは2020年に災害時に相互が保有するケーブルシップを融通し、携帯基地局、発電機と燃料などを災害被災地に届けることで合意した。[*8] そして実際に、この仕組みに基づいて2024年1月1日に発生した能登半島地震では、WEマリンのきずなが石川県輪島市沖までKDDI（au）の船上携帯電話基地局を運んだ。[*9] 輪島市における通信困難な難局に際して、両社がこれほどタイムリーに動けたのは、事前の合意があったことだけでなく、通信インフラを維持するという、共通の目的があることが大きいのではないか。

なお、筆者が気付いた両社のケーブルシップの最大の違いは船員の余暇の過ごし方である。フィリピン人クルーが多いケーブルインフィニティには、甲板にバスケットボールのフープが設置されていた。一方きずなには釣具セットやカラオケ設備が整っていて、実に日本的であった。

巨大テックカンパニーの圧力

一方で両社のビジネスは転換期を迎えている。繰り返しになるが、海底ケーブルを敷設するプロジェクトはコンソーシアムケーブルと呼ばれ、各国の企業や政府が合同で計画するものが長らく一般的だった。日本で言えばＮＴＴやＫＤＤＩやソフトバンクなどが、各国の通信事業者と共同でケーブルを敷設するようなものだ。海底ケーブルの新規敷設は「数百億円規模の投資と２～３年という長い敷設期間が必要[*10]」である。コンソーシアムは巨額の設備投資を共同で負担できるし、敷設や修理に必要な地元の協力を得やすい。

近年では、プライベートケーブルが増えている。世界では現在20程度の海底ケーブル敷設プロジェクトが動いており、その多くにグーグル、アマゾン、メタ、マイクロソフトが関与

＊8　ＮＴＴとＫＤＤＩ、災害時の物資運搬などに関する相互協力開始 ～社会的課題の解決に取り組む社会貢献連携協定を締結～（２０２０年９月11日、日本電信電話株式会社／ＫＤＤＩ株式会社） https://news.kddi.com/kddi/corporate/newsrelease/2020/09/11/4663.html

＊9　令和６年能登半島地震に伴う「船上基地局」運用の実施について ～ＮＴＴドコモ、ＫＤＤＩ共同で海上から通信を復旧～（２０２４年１月６日、株式会社ＮＴＴドコモ／ＫＤＤＩ株式会社） https://news.kddi.com/kddi/corporate/newsrelease/2024/01/06/pdf/press_20240106.pdf

＊10　堀越功「グーグルらの海底ケーブルが異例の計画変更、米中対立で大動脈分断」、日経クロステック、２０２０年６月23日 https://xtech.nikkei.com/atcl/nxt/column/18/01308/00009/

していると見られている。彼らはケーブル会社から優秀な人材を引き抜き、急速に立場を強くしている。

巨大テックカンパニーの発言力が増していった結果、海底ケーブルの世界では全体的な工期の短縮や価格低減への圧力が高まっている。これまで各社は、ケーブルを敷設する際には20年から25年ほど使い続けることを見込んで、設備の耐用年数や保守を計画してきた。しかし巨大テックカンパニーが求めるのは、耐用年数が短くとも、安く早く通信が可能になることだという。

中国の圧力

もともと、デジタルの物理的な分野で中国の競争力は高い。[*11] ネットワーク機器ではファーウェイ製品が世界中で使用されているし、5Gの基地局設備ではファーウェイとZTE社が高いシェアを誇っている。同様に海底ケーブルの世界でも中国はしたたかに体制を整えている。

ある専門家は「海底ケーブルのサプライのシェアに関する正確な統計はない」と前置きした上で、「日米欧の企業がそれぞれ3割くらいとっており、残りの1割が中国企業」と推測した。ファーウェイの子会社で海底ケーブルなどの事業を行っていたファーウェイマリンは、米国での経済制裁を受けて、２０１９年にヘントンという中国・江蘇省のケーブル製造企業に身売りした。同社は現在でもビジネスを拡大している。

これは単に中国民間企業の努力のみならず、中国政府の後押しの成果でもある。中国の一帯一路構想の一環である「デジタルシルクロード」という戦略は注目を集めた。[*12] デジタルシルクロード戦略の要は中国のプラットフォーム企業（アリババ、テンセント、バイドゥ、ファーウェイ）と国が支援するテレコムキャリア（チャイナ・モバイル、チャイナテレコム、チャイナ・ユニコム）が、一帯一路の対象国の市場で成功することにある。たとえば南米やアフリカなどで、中国が支援する大型のインフラ投資が行われており、海底ケーブルや地上通信ケーブルもその一部に含まれている。[*13] 日本の通信事業者は巨大テックカンパニーと隣国

---

*11　伊藤亜聖『デジタル化する新興国――先進国を超えるか、監視社会の到来か』中公新書、２０２０年、１９４頁

*12　Paul Triolo, Kevin Allison, Clarise Brown, and Kelsey Broderick, "The Digital Silk Road : Expanding China's Digital Footprint", EURASIA GROUP, 2020.4.29, https://www.eurasiagroup.net/live-post/digital-silk-road-expanding-china-digital-footprint

*13　Adam Segal, "Bridging the Cyberspace Gap - Washington and Silicon Valley -", Prism 7 (2): 66-77, 2017, http://search.proquest.com/openview/6c01c21382851636228d4668ec826ec7/1?pq-origsite=gscholar&cbl=1036428

の通信事業者という強力なプレーヤーの間で自らの活路を探っているのかもしれない。

民間企業の努力だけで持ちこたえられるのか

「サイバースペースの地政学」という本書のテーマに立ち返ると、海底ケーブルとケーブルシップが今後日本の安全保障環境にどのような影響を与えるのか、あるいは反対に、日本の安全保障環境が海底ケーブルに与える影響について思いを巡らせないわけにはいかない。

ケーブルシップを運用する企業は、日本列島周辺や南シナ海での工事が、これまでよりやりづらくなってきたと口を揃える。中国は1992年に領海法を制定した。その中で尖閣諸島が中国領であると記載したことが日本でも多く報じられた。この法律は周辺の島々の領有を一方的に宣言するだけでなく、外国の軍用船舶の無害通航（沿岸国の平和や秩序、安全を害することなく外国船舶が他国の領海を通航すること）を事前許可制としたり、解放軍の艦艇の動員を容易にしたりするなど、海洋進出の能力を高めている。

今後の日本に求められるのは、インフラのレジリエンス（回復力、復元力）であろう。過去の大戦と通信インフラの関係について論じた歴史家のヘッドリクは「情報戦における本当の武器は、ケーブルの切断や無線局の破壊能力にあったのではなく、切断し破壊されたそれらを修復する能力であった」[*14]と述べている。有事の際には双方が互いに通信インフラを破壊しようとする。

第二次世界大戦を例に挙げれば、フランスは42の放送局のうち37局と900キロメートルの地上線を喪失した。ギリシャは地上線の65%と電信設備の90%を喪失した。日本は電話線の半分を失った。このような通信インフラへの攻撃を完璧に防ぐ手立てはないが、破壊された後なるべく早くそれを復旧したものが有利な立場を得る。

前章と本章で見てきた海底ケーブルやケーブルシップの分野において、日本は近隣諸国と比較しても強いレジリエンスを誇る。ケーブルシップの数や、ケーブル製造の技術などでは、中国と比較しても依然として優位性がある。この優位をなるべく長期間維持するためには、政府の支援も必要ではないだろうか。

日本のIT政策の大方針とも言えるIT基本法の第7条は「高度情報通信ネットワーク社会の形成に当たっては、民間が主導的な役割を担うことを原則」とするとうたっており、サイバースペースにおける政府の役割は主として民間のサポートにあるという基本的なスタンスをとっている。この法律ができたのは2001年のことであるが、その後、20年以上にわたり日本では民間企業や学術研究機関が主導権を握ってきた。そのことが、アジアをリード

*14 ヘッドリク『インヴィジブル・ウェポン』、203頁

するサイバー大国の実現に貢献したのは間違いない。一方で、中国は国策として自国のインフラの輸出を後押しし、対抗策として欧米諸国は中国製品の利用を規制する政策を次々に導入している。東アジアの安定は徐々に崩れつつあり、日本政府の方針も見直しが求められるであろう。

小泉コラム　戦うケーブルシップ

「きずな」の母港である西泊のＷＥマリン長崎事務所には、古いレンガ造りの建物が残されている。明治時代に作られたものだ。もともとは海底ケーブルを貯線槽から繰り出す機械の電源装置を収める建物（電源舎）で、戦後の１９６７年まで現役で使用されていた。現在は海底ケーブルの歴史を保存する史料館（海底線史料館）となっている。

その史料館の中で私の目を引いたのは、歴代のケーブルシップの写真が並ぶ一角だった。逓信省から電電公社を経て現在のＮＴＴへと至るまで、普段目にすることのない海底インフラを支え続けてきた船たちである。１８９６年に導入された「沖縄丸」から始まって現在の「きずな」に至るまで、その数は14隻。だいたい１３０年くらいの海底ケーブル敷設の歴史をこの14隻で支えてきたことになる。

少し歴史を振り返ってみると、「沖縄丸」に続いて日本の海底ケーブル敷設を担ったのは、１９０６年竣工の「小笠原丸」であった。同船は日本初の国産ケーブルシップでもあり、これに続いて建造された「南洋丸」（1922年竣工）および「東洋丸」（1938年竣工）とともに、戦前日本の通信インフラを支えた（「沖縄丸」は老朽化により1938年に退役）。

だが、これら3隻のケーブルシップは、第二次世界大戦中にいずれも戦没している。戦争末期の日本はもはや自国近海の制海権さえ確保できなくなっており、軍艦だけでなく民間船までもが潜水艦や機雷によって次々と沈められていた。ケーブルシップも例外ではなく、乗組員の多くは船と運命をともにしたという。WEマリン長崎事務所の敷地に立つ「海魂の碑」は彼らの魂を慰めるものだ。

ということは、第二次世界大戦の終結時点で、逓信省は全てのケーブルシップを喪失していたことになるわけだが、この種の船が日本から1隻もなくなってしまったというわけではない。帝国海軍が建造した軍用ケーブルシップが1隻だけ残っていた。その名を「釣島（つるしま）」という。

軍事用の海底ケーブルや敵潜水艦を探知するための水中聴音機を敷設するための軍艦を、帝国海軍では電纜（でんらん）敷設艦と呼んだ。当初は雑役船を改造したものが使われていたが、やがて専用艦が必要であるということになり、合計4隻が建造された。これが「初島（はしま）」型電纜敷設艦で、「釣島」はその2番艦にあたる。他の3隻の同型

電纜敷設艦「釣島」（1941年3月20日撮影、海人社所蔵）

艦が次々と潜水艦や空襲の餌食となっていく中、辛くも生き残ったのが「釣島」であった。*15

こうしたわけで、戦争でズタズタに傷ついた日本の通信網再建は、「釣島」に託された。「釣島丸」と改名された上で逓信省（のちに電信電話公社）に移管され、1968年まで海底ケーブル敷設に従事したのである。前述した西泊の電源舎や船橋の無線塔と同様、この頃までの日本の通信インフラには、明治から昭和初期にかけて整備されたものがまだかなり残っていたようだ。我々が見学した「きずな」は、こうして脈々と繋がれてきた日本ケーブルシップ史の最先端に位置する。

この歴史が枝分かれした先にある、もう一つの最先端にも触れておきたい。海上自衛隊が保有する敷設艦「むろと」である。現在、海上自衛隊が保有する唯一の敷設艦であり、かつての「釣島」と同様に水中聴音システムを海底に設置するのが任務であろうと言われているが、詳細ははっきりしない。この種の水中作業艦艇はどの国でも最高機密扱いされるのが常であるからだ。

もっとも、「むろと」の艦番号はARC－483とされている。西側式の軍事用語でARCは通常、「ケーブル修理用補助艦船」を意味するから、「むろと」が何らかの形で海底ケーブルに携わっていることはたしかなのだろう。このほか、米海軍が2隻、中国海軍が3隻、ロシア海軍は5隻のケーブルシップを保有しており、外洋で活動する大海軍にとっては必須装備とさえ言える。彼らの任務もまた決して明かされることはないが、この世界にはひっそりと活動する、もう一つのケーブルシップ船隊がたしかに存在しているのである。

＊15　「釣島」を含めた「初島」型電纜敷設艦の詳細については以下を参照されたい。堤明夫「電纜敷設艇の具体的な用途は？・」『日本海軍特務艦船史』海人社、2018年、160～161頁

第4章

AI時代の「データグラビティ」

～北海道、東京～

小宮山功一朗

「遠いデータセンターは売れない」

あるデータセンター企業の方から聞いた「現場の感覚として、遠い場所にあるデータセンターは売れない」という話が忘れられない。地理的制約から我々を解き放つはずのサイバースペース、であれば、そのインフラの場所は問われないはずだが、実際に地理的に大都市圏に集中するという現象が千葉ニュータウンで見て取れた。

データセンターの重要な役割の一つ、それはデータをいち早くユーザに届けるための前線基地としての役割である。地球の裏側の人と瞬時に連絡がとれるというのはサイバースペースの利点であるが、かつての国際電話で音声が遅れたように、現代でもわずかな遅延が発生する。それはWebサイトを閲覧する程度であれば、気にならないが、オンラインゲームや自動運転、遠隔医療技術、高速金融トレードなどのリアルタイム性が求められる分野では、使い勝手を大きく左右する。そのためユーザの使うデータを、なるべくユーザの近くにあるデータセンターに置くニーズが高まった。2010年代前半頃から米国の巨大テックカンパニーがロンドン、パリ、東京、上海といった大都市にデータセンターを用意したのは、まさにそれら大市場に快適なサービスを届けるためである。[*1]

基本的にデータセンターは人口が集中する大都市にあるべきである。そんな中、岸田政権はデジタル田園都市国家構想なる政策を打ち出し、デジタル技術による地方創生の目標を掲げた。これを受けて総務省は大型の予算を確保し、地方のサイバースペースのインフラ整備を支援している。[*2] このチャレンジはいったいどこに向かうのか。地方にサイバースペースのインフラを作ることのメリットは何なのか。

地方にサイバースペースのインフラを作ることの長短を理解するため、我々はさくらインターネットの石狩データセンターとアット東京のCC1（シーシーワンと発音）を訪問した。CC1は東京都心に位置する。この二つのデータセンターの対照的なロケーションの背景には、何か決定的な思想の違いがあるはずである。

なお、さくらインターネットとアット東京には、データセンターの正確な位置や施設内部の仔細などについては公開を控えることを前提に、取材にご協力いただいた。本書の記述も、意図的に曖昧にした部分が残る点は、ご了承いただきたい。

＊1　Tim Maurer and Garrett Hinck, "Cloud Security : A Primer for Policymakers.", Carnegie Endowment for International Peace, 2020.
＊2　総務省「データセンター、海底ケーブル等の地方分散によるデジタルインフラ強靱化事業」総務省ホームページ、2022年　https://www.soumu.go.jp/main_content/000925463.pdf

さくらインターネット 石狩データセンター
(https://www.sakura.ad.jp/corporate/information/newsreleases/2024/01/24/1968214844/)

北の大地のデータセンター

２０２３年10月に北海道の石狩に飛んだ小泉と私は、石狩市の湾岸エリアの光景に驚いた。幅の広い道路の両脇に、食品の冷凍倉庫、水産物加工工場、物流センターが立ち並ぶ。一つ一つの建物のサイズが東京や横浜のそれよりも平均して大きいように見えた。

さくらインターネットは１９９６年に創業され、２０１５年に東証一部に上場した、日本のインターネットベンチャー企業である。データセンターを運営し、サーバをまるごと貸し出したり、一部のサービスだけをクラウド環境で提供したりしている。

大阪で創業した同社が、北海道の石狩市に最初にデータセンターを建設したのが２０１１年のことである。外観からは近代的なスポーツ施設に見えなくもない。千葉ニュータウンで見た、巨大な冷蔵庫を思わせる風貌とは明らかに異なる。

石狩データセンターに足を踏み入れるといろいろな驚きがあった。まず広大な敷地を確保し、利用状況に合わせた増築を可能にしている。2011年に1号棟と2号棟の二つが建設された。その後2016年には新たに3号棟を建設し、設備を拡大している。

これらの建物は宇宙ステーションのモジュールのように繋がっている。データセンターのすぐ横に太陽光パネルを設置し、太陽光発電で得られた直流電力をそのままデータセンターに給電するなどの取り組みを行っている。

大きな特徴は、この場所が同社パブリッククラウドサービス提供のためのデータセンターであるということである。つまり、石狩データセンターでは原則として、ハウジングやコロケーションと呼ばれる場所貸しを行っていない。データセンター内の多数のサーバは全て同社が管理するものであり、同社が提供するクラウドサービスに用いられている。自社利用のデータセンターとしては国内で屈指の規模を誇る。

全て自社利用するということは、データセンターのあらゆる点について、自社に最適な様々な挑戦が可能になることを意味する。実際に石狩データセンターは、いろいろな側面においてユニークである。我々が同社の社員の説明を受けた部屋は、ＤＪブースがあったり、バーカウンターがあったり、室内なのにテントが立っていたりと、非常に凝った内装であった。

データセンターと電力の関係

石狩にデータセンターを置くことの利点は、冷涼な気候を活かして、効率よく冷却できること、そしてそれによるコスト削減である。そのことを説明するために、まずデータセンターというサイバースペースのインフラと電力の関係について解説したい。

電気がなければデータセンターは「ただの箱」である。日本国内においても、データセンターがただの箱になる危機が発生したことが何度かある。たとえば、2018年9月に北海道胆振（いぶり）東部地震が発生した際には、北海道電力の苫東厚真（とまとうあつま）火力発電所など多くの発電所が被害に遭い、大規模なブラックアウトが発生した。

さくらインターネットの石狩データセンターは電力供給の停止に備えて、非常用の発電機と燃料を備えていた。そして送電停止後に素早く非常用発電設備に切り替えたが、設備内に蓄えられた燃料には限りがあった。結果的に地震発生の翌日には通常の半分の、翌々日には通常通りの電力が供給されることになり、危機は寸前のところで回避された。しかしデータセンターの運営を考えた場合に、安定した電力の確保は最重要の課題である。

桁違いの電力消費

現在、地球上の総電力消費のうちのおよそ2％をデータセンターが占めているとも言われる。そして、データセンターによる電力消費は依然として年に12％のペースで増加しているという。現在の一般的なデータセンターは「メガ」ワット単位の、文字通り桁違いの電力を消費する。

電力調達は洋の東西を問わず、大きな課題である。米国のオレゴン州を流れるコロンビア川周辺にはアップル、アマゾン、メタ、グーグルが揃ってハイパースケールデータセンターを設置しているエリアがある。ライバル企業のデータセンターが似たようなエリアに集中した理由は、インターネット業界の中心であるサンフランシスコへの地理的な近さの他に、この川から作られる電力にあった。これらの企業は皆、ボンネビルダムを用いた水力発電で発生した電力を安く購入しているという。

電力調達の容易さ、価格は国や地域によっても大きく異なる。投資会社の調べによれば、電力の価格が安いのはドーハ（カタール）、クインシー（アメリカ）、バンクーバー（カナダ）、ストックホルム（スウェーデン）、バタム（インドネシア）がトップ5であった。逆にベンガルール（インド）、ラゴス（ナイジェリア）などは条件が悪い。[*3] データセンター企業は、経済的で安定した電力供給を求めて、世界中の都市を天秤にかけて、投資の決定を下している。

電力消費の内訳

データセンターが電力を多く消費することは明白であるが、何にそこまで電力が用いられるのであろうか。ここでは電力消費の内訳に注目する。実はサーバのメモリやディスクなどに使用されている電力はそこまで多くない。

まず、データセンターの効率性を測るＰＵＥ（Power Usage Effectiveness）という指標がある。これはデータセンターの施設全体が消費する電力をＩＴ電力（サーバやネットワーク機器が消費する電力）で割ったものである。この値が低ければ低いほど、ＩＴに電力を費やすことのできる、効率の良いデータセンターということになる。ＰＵＥ値は１・８〜１・９程度が目安と言われている。ＰＵＥ値がこれより上なら効率が悪く、これを下回るのなら効率が良い。

現代のハイパースケールデータセンターは効率が良く、ＰＵＥ値は１に限りなく近づいていると見られる。[*4] サーバやネットワーク機器以外の電力消費のおよそ半分を施設の冷却が占めるため、冷涼な気候で冷却にかかる電力を節約することのメリットは計り知れない。

石狩データセンターでは、空調から吹き出される空気の温度は23～24℃に管理されている。外気の温度が同程度であれば、温めたり冷やしたりする電力を省くことができる。そのような要素もあり、石狩データセンターでは、2021年の平均PUE値は1・35であり、電力効率の良さがうかがえる。

しかしそれでも、データセンター全体で年間数億円の電気使用量がかかるという。胆振東部地震以来、北海道電力の泊原子力発電所は稼働を停止しており、火力発電に多くを頼らざるを得ない状況が続いている。原発の再稼働は、巡り巡ってサイバースペースの未来をも左右する課題である。

データセンターとネットワークの関係

冷涼な気候がメリットであることを述べたが、データセンターに必要なのはもちろんそれだけではない。アクセスの良さも大切である。データセンターでは日々大量のデータが送受

*3 Cushman & Wakefield, "Global Data Center Market Comparison." 2024, p35. https://www.cushmanwakefield.com/en/insights/global-data-center-market-comparison

*4 ルイス・アンドレ・バロッソ、ジミー・クライダラス、ウルス・ヘルツル『クラウドを支える技術――データセンターサイズのマシン設計法入門』Hisa Ando 訳、技術評論社、2014年、100～104頁

信される。それに耐えうる高速の回線で、データセンターが接続されていなければならない。既に述べてきたようにキャリアホテルという形態のデータセンターは様々なデータセンターに求められる要素の中でも、ネットワーク接続性を重要視したものともいえる。

大容量のネットワーク接続を求めると、データセンターは必然的に「海沿いの大都市」の近辺に集まる。海底ケーブルへのアクセスが良く、既存の通信事業者が張り巡らせた高速ネットワークに接続することが容易だからである。香港、シンガポール、東京などがこれに該当する。

現代のインターネットにおいては回線の容量（単位時間あたりに最大どれだけのデータを運べるか）だけでなく回線の遅延（通信相手との通信の往復の所要時間）の少なさが重要視される。[*5] データは光や電気の信号としてファイバーや電線を伝わる。光の速度は、理論上は約30万キロメートル／秒である。現実の光ファイバーを使って信号が伝播する速度はそれよりも遅く20万キロメートル／秒程度とされる。さらに中継される機器でのタイムラグなどで遅延が増す。遅延は必ず発生するがそれをできるだけ少なくするための努力が行われている。

目安として、現在東京‐大阪間（約500キロメートル）の往復には5ミリ秒程度の遅延が発生する。日本‐サンフランシスコ間（約9000キロメートル）の往復には100ミリ秒を要すると言われている。さくらインターネットの関係者によれば、石狩データセンターと東京都との間の遅延はおよそ18ミリ秒とのことである。

遅延はデータセンターがどう使われるかに大きく影響する。米国西海岸と東京の間で発生する100ミリ秒、つまり0・1秒の遅延はWebサイトの閲覧やメールの送受信であれば利用者は気付くこともない。つまり、Webサイトやメールサーバは米国西海岸のデータセンターに置いても大きな問題はない。しかし第1章でも触れたフラッシュトレード（超高速金融取引）や自動車の自動運転制御やオンラインゲームなどの分野では性能を大きく下げかねない。

仮にデータセンターで稼働するAIが自動車の自動運転をするとしよう。「時速60㎞で走行する車が20㎝移動するのにかかる時間は12ミリ秒であり、衝突などを避けるためには10ミリ秒以下で映像伝送からフィードバックまでを行わなければいけない[*6]」のである。したがって東京都内で自動運転する車の制御は、日本国内に置かれたデータセンターで行わないと厳しい。オンラインゲームでも、一人称視点のシューティングゲームなどでは、サーバとの距

＊5　容量はスループット、遅延はレイテンシーなどと呼ばれることが多い。スループットが高く、レイテンシーが低いのがいわゆる「高速なネットワーク」である。
＊6　高井厚志「データセンターを支える光伝送技術 ～エッジデータセンター編」、EE Times Japan、2019年、1ページ https://eetimes.jp/ee/articles/1904/08/news012.html

離によって、反応が遅くなるなどの問題が生じる。

現在も遅延を短縮するための技術開発が行われている。まず有力視されるのは5Gの携帯通信網の普及である。5G規格においては最寄りの基地局との間を1ミリ秒以下のわずかな遅延で結ぶなど、遅延短縮を狙った設計がなされている。もう一つ注目されているのは、まだ実験段階にあるが、NTTなどが提案する光技術を使ったネットワークの高速化である。現在の電気信号が用いられている電子部品内の通信に光電融合技術を使うことにより、高速処理と省電力を同時に実現するという。NTTはこれをIOWN構想などと呼んで開発を行っている。実用化にこぎつければ、通信の遅延を現在の200分の1に減らすなど、サイバースペースの構造転換をもたらすことのできる壮大な構想である。

石狩は、決してアクセスが良いデータセンターではない。東京や大阪のデータセンターと比べて大都市のユーザの利用で遅延が発生するというハンデが存在する。しかし、現実に石狩データセンターの三つのデータセンター棟の使用率は7割から8割であり、キャパシティにまだ余裕があるとはいえ、データセンター利用のニーズは高いことがうかがえる。

好調の一つの要因はAIブームであろう。生成AIモデルのトレーニングには膨大な数の計算が必要になる。また学習のために大規模なデータが必要となる。GPUやTPUと呼ばれる高速な演算能力を持つプロセッサや、大規模なデータを管理する設備は誰もが簡単に用意できるものではない。さくらインターネットなどが、それらの設備を用意し、時間貸しするというビジネスを開始したのは、ＡＩブームよりも5年以上前のことである。

同社は日本独自のＡＩ開発という未来を描き、国の支援も受けて、石狩はその重要な拠点になりつつある。石狩データセンターを後にした我々は、帰る道すがら二つのデータセンターが新規に建設中であることに気付いた。データはデータに引き寄せられ、データセンターはデータセンターに引き寄せられるというデータグラビティが石狩にもたしかに存在する。

東京都心のデータセンター

日本国内で有力なデータセンター事業者をリストアップすると、必ずアット東京というやや聞き慣れない名前の会社が挙がる。アット東京の初期の大株主は東京電力である。[*7]

データセンター事業者は便宜上三つに分類できる。テレコム系、不動産デベロッパー系、そして電力会社系の三つである。テレコム系データセンターはもともと電話やインターネッ

＊7　アット東京は東京電力系の企業だったが、東日本大震災の影響などもあり、２０１２年に事業が売却され筆頭株主がセコムグループになった。ただ、現在でも東京電力はアット東京の約30％の株式を保有する大株主であることに変わりはない。

トなどの通信に関係する事業を行っていた企業がその事業の一環としてデータを預かって保管するという流れで設置される。初期のデータセンター事業者の多くがこの形態である。続いて不動産デベロッパー系データセンターとは、土地や建物を扱う事業者が、データセンターの箱を用意し、実際にそれを使う企業とパートナーシップを組むものである。三井や三菱などの財閥系企業グループなどが海外企業と手を組んで活動している。最後の電力会社系データセンターは、電力会社が関連会社を通じて、データセンター事業を営むものになる。

アット東京は電力会社系の典型である。電力系データセンター事業者の優位は特に日本の地方都市において明らかで、北海道電力、北陸電力、九州電力などがＩＴ事業を担当する子会社を通じてデータセンタービジネスを展開している。[*8]

そのアット東京が運用しているいくつかのデータセンターの中でも最大の規模を誇るのがＣＣ１である。２００１年に建設され、延床面積は14万平方メートルもある、国内でも屈指の大型データセンターである。小泉と私は石狩から飛行機で移動し、直接ＣＣ１を訪れた。都心からのアクセスが良く、吹き抜けから自然光が差し込むエントランスフロアは上品なホテルのロビーを彷彿とさせる。

電気の信頼度は異なる

ＣＣ１では顧客に対して、ラック単位で貸したり、データセンターのフロアを金網（ケージ）で区切って区画単位で貸したりしている。インターネットを検索すると、いくつか日本の経済の中核を支える企業が、このデータセンターを利用していると見当をつけることができる。

ＣＣ１が存在する場所は、以前は東京電力の発電所があり、そこを建て替えたのだという。この場所をデータセンターとして使うという決定はおそらく１９９０年代後半に下されたはずである。インターネットとサイバースペースの未来が誰にとっても明確に見えなかった時期であり、この都心の一等地をデータセンターに使うことを決めた当時の経営層の慧眼には恐れ入る。

ＣＣ１は地上10階、地下１階の建物である。いくつかのデータセンターを取材するなかで、最寄りの変電所から、高圧線や特別高圧線を複数引き込んでいることをセールスポイントとして聞くことが多かった。その点、ＣＣ１は都内にある世界初の地下に作られた超高圧変電所から、地下ケーブルで２系統受電している。それだけでなく別の変電所からも受電している。電力供給の点において、日本でも屈指の信頼度の高いデータセンターであると言える。

＊8　クラウド&データセンター完全ガイド監修『データセンター調査報告書２０２０』、17頁

同社の担当者も「（一見同じに見えて）電気の信頼度は土地によって違う」という表現で自信のほどをのぞかせた。

ＣＣ１はまた、様々なネットワークに接続されたデータセンターでもある。マイクロソフト、グーグル、アマゾン、ＩＢＭなどの大手クラウド事業者、あるいはエクイニクスなどのデータセンター事業者がＣＣ１にダイレクト接続拠点を設けている。これにより、ＣＣ１の顧客は、各クラウドサービスへの通信を高速に行えたり、通信費を抑えることができるというメリットを享受している。

AIとサイバースペース

ネットワークと電力というデータセンターの用途を決める二つの大きな要因について述べてきた。これに加えてＡＩを巡る競争がサイバースペースの未来を変えつつある。大きな契機はＯｐｅｎＡＩ社が２０２２年11月30日に公開した「ＣｈａｔＧＰＴ」という生成ＡＩである。ＣｈａｔＧＰＴはユーザが知りたい情報をテキストで入力すると、自然な回答を瞬時に作成する。そのリアルさや賢さが評判を呼んだ。ＡＩが世界に大きな変化をもたらすという議論については、もはやここで繰り返すまでもないと思う。過熱するブームの先、10年後にこの競争を制しているのは誰なのだろうか。ここではそのヒントを歴史に求めたい。

1800年代半ば、米国のカリフォルニアにある川で金が見つかった。金が発見されたという知らせはたちまち広がり、全米各地から一攫千金を目指す者たちがカリフォルニアに殺到した。誰もが人より多くの金を採掘しようとした。この競争の勝利者は、金を採掘する者ではなかった。つるはしなどの採掘に必要な工具を販売した者、鉱夫向けに衣食住を提供する者などが巨額の富を築いた。このエピソードの教訓は、富を手にするのは、必ずしも競争に直接参加する者ではなく、その周辺に存在する者かもしれないということである。

カリフォルニアのゴールドラッシュにおける「つるはし」に相当するのは、AIブームにおいては「GPU」である。GPUはGraphics Processing Unit の略語であり、その名が示す通り、本来は画像や動画の処理を担当するために設計された特殊なプロセッサである。当初は画像や動画の描画に使用されていたが、並列処理や演算速度に優れていることから、徐々に機械学習やディープラーニング、仮想通貨のマイニングなどにも用途が拡大してきた。現代の生成AIにはこの特殊なプロセッサが欠かせない。

高性能のGPUは誰もが生産できるものではない。現在はエヌビディアという米国に本社を置く企業が市場をほぼ独占している。そしてAIブームによって、エヌビディアのGPUは、供給が需要に追いつかない慢性的な品不足の状態が続いている。AI開発を進める各社にとって、このGPUを多く確保することが最重要課題になっている。

なお、ある調査会社によれば、2023年の第3四半期において、エヌビディアが出荷した高性能GPUは、マイクロソフトとメタの2社があわせて全体の供給量の50％程度を手にしている。残りをグーグル、アマゾン、オラクル、テンセント（中国）、バイドゥ（中国）、バイトダンス（TikTokを運営する中国企業）、テスラなどが分け合っている。

AI開発に必要不可欠なGPUの調達について、日本政府も様々な策を講じている。経済安全保障推進法は経済面から日本の安全保障を強化することを目的とした法律で、2022年5月に成立した。同法では、工作機械、航空機の部品などの11カテゴリを特定重要物資として指定し、その安定的な供給を確保することを目指している。11カテゴリの一つが「クラウドプログラム」である。このカテゴリにはGPUも含まれ、政府は「AI用の高度な電子計算機の導入」を行う事業者について助成金を交付するなどの施策を行っている。また、2023年12月にエヌビディアの創業者が来日した折には、岸田総理が面会し、直接日本企業への優先的なGPU供給を求めた。

これらの働きかけが実り、日本企業が高性能GPUを調達できたとして、話はそれで終わりではない。AI時代のつるはしは、電力消費が激しい。また生成AI開発には大量のデータが必要である。つまりAI開発には、高性能GPUだけではなく、安定した電力供給が確保でき、大量のデータを保管できる、データセンターのような場所が不可欠ということである。ＡＩブームによってさらにデータセンターの戦略的価値は高まるはずである。

サイバースペースの匂い

ところで読者の中には、大型のコンピュータが立ち並ぶデータセンターは、静まり返った、図書館のような落ち着いた場所だという誤解があるかもしれない。実際のデータセンターは普通の人間にとっては快適とはかけ離れた過酷な場所である。

まず、データセンターは寒い。データセンター内は常時、一定の温度に保たれている。しかしこれは機器を冷却するための装置であって、人間にとって快適な場所を作るための装置ではない。データセンター内は大抵、多くの人が「寒い」と感じる温度が維持されている。また電子機器に湿気は大敵であり、湿度は常に低めに設定されている。長時間いれば肌がカサカサになっていくのを身にしみて感じる。

そしてデータセンターはうるさい。サーバや通信機器には冷却のためのファンが取り付けられており、それが常時高速で回転しているため、部屋全体に高周波の「キーン」というノイズが満ちている。送風のノイズやファンの音による疲労を防ぐために、耳栓をして作業するスタッフもいた。

さらにデータセンターは特殊な匂いがする。匂いの元は定かでない。サーバなどに使われているグリスの匂い、データセンターに設置されている特殊な消火設備の匂い、様々なものが混じり合って独特の強い匂いを発している。匂いの説明は難しい。もしノートパソコンを手元にお持ちであれば、その側面や底面についている冷却のためのファンのあたりの匂いを勢いよく吸い込んでいただきたい。その香りを濃縮したのがデータセンターの匂いに近い。

我々は、サイバースペースの手触りを求めて旅をしてきた。仕事でデータセンターに入り浸っていた小宮山にとっては懐かしい、初めてデータセンターに足を踏み入れた小泉にとっては新しい手触りがそこにあった。

サイバースペースを統(す)べるもの

地方にサイバースペースのインフラを作ることのメリットは何なのか。さくらインターネットの石狩データセンターとアット東京の東京都心のデータセンターへの取材を通じて考えてきた。「インフラを地理的に分散させることに経済性はない」という当事者の声も聞いた。北海道に、九州に、沖縄に、四国に、一体いくつのデータセンターを作り、どの程度のサイバースペースインフラへの投資を行うのかは高度に政治的な問題に思える。データセンターはデータセンターに引き寄せられるのが事実だとすれば、すなわちサイバースペースにデータグラビティがあるとすれば、一体、地球上のデータはどこまで集約されるのだろうか。

地球上のデータ全てが一つの場所で一つの組織によって管理されることは誰も想定していない。それがどれだけ経済的に理にかなっていたとしても、国家があり、文化があり、宗教があり、分断された世界でサイバースペースだけが単一であり続けると信じるのは難しい。グローバルに単一のサイバースペースが広がる世界はもはや甘美な夢である。

現代におけるサイバースペースは電気、ガス、水道と並ぶ生活のライフラインになりつつある。数十年後に、サイバースペースへのアクセスを国や自治体が公共サービスとして提供する未来が来ることもあり得るのではないだろうか。その際には、完全に行政機関がサイバースペースの機能を提供する、つまり千葉県庁サイバースペース部ができ、船橋市役所にデータセンター課ができるというモデルと、現在の鉄道におけるJRグループや電力における電力大手10社のような形で少数企業によってサイバースペースが維持されるモデルという、二つのシナリオが考えられる。どちらのパターンであっても、「日本のサイバースペース」という国家の枠組みが強く反映されたサイバースペースになる。

もう一つの、全く異なる未来は、サイバースペースを数社のプラットフォーマーに委ねる道である。石油という資源を例にとると、世界で数社の石油メジャーが、採掘から流通までの全ての流れを独占していた時代があった。数社の企業が、産油国政府よりも影響力を持った時代があった。データは「21世紀の石油」とも呼ばれる。データをその手に抱えた、プラットフォーマーの存在感にはかつての石油メジャーを彷彿させるものがあるという指摘もある。[*9] そして、それはたしかに効率の良い選択ではある。

最終的に誰がこのサイバースペースを支配するのか、データセンターはいくつまで集約されるのか。世界の行く末は、我々一人一人が、誰に自らのデータを預けたいと考えるかにかかっている。

---

*9 平沼光『資源争奪の世界史――スパイス、石油、サーキュラーエコノミー』日本経済新聞出版、2021年、229頁

小泉コラム　データセンターの「音」と「温度」

「データセンターが静かなわけないでしょうが！」と小宮山がいきり立った。なんとなく静かなイメージがある、と口にしたらこの反応である。どうやらデータセンターというのは割と過酷な環境らしい、ということをこの時、初めて知った。

なぜ過酷なのかは、既に小宮山が書いている通りなので、ここでは繰り返さない。ただ、本書執筆のために二つのデータセンターを見学してみると、小宮山の言うことが理解できた。たしかにうるさい。外観は静まり返っているのに、内部には何か甲高い音がずっと充満している。おそらくサーバを冷却するファンの音なのだろうが、こうしてみるとインターネットというものは機械――回転したり加熱したりするメカニズムの上で動いているのだということがよくわかる。チカチカ明滅する0と1の世界（ニューロマンサー！）は、このメカニズムの上にしか存在できない。

だが、それでもなお、データセンターは寒いのだ。ということは、人工的に冷やしているわけである。実際、今回訪れた二つのデータセンターは、それぞれ工夫を凝らした巨大な冷却システムを備えていた。たとえば……と書きたいところだが、この辺はやっぱり秘密であるらしい。サーバルームなどの「データセンターっぽい」ところについてだけ黙っていればよいのかと思い、冷却システムの話を外でしようとしたら「それは言っちゃダメなやつだよ」と小宮山からたしなめられた。

また、どちらのデータセンターも、大掛かりな非常用電源システムを持っている。さくらインターネットの石狩データセンターを我々が訪れた日にはちょうど電源システムのメンテナンスが行われており、ヘルメットに作業着という格好の人たちがゴツい機械をバラしていた。これもまた間違いなくデータセンターの風景なのだが、素人がふわっと思い描くデータセンター像の中にはなかなか入ってこないだろう。

こうしてみると、データセンターの能力は、サーバ収容スペースの大きさとか需要地までの距離といった要素だけで測れるものではないようだ。強力な冷却システムや有事の電源バックアップ能力などがあってこそ、データセンターは機能を発揮できる。サイバースペースとは到底結び付かなそうな、しかしそれなくしてサイバースペースは存在しない、という領域は、他にも多数あるのではないだろうか。

最後に、データセンターには割と「色」があるな、という印象を持った。たとえばその内装である。東京電力の系列会社として出発し、現在はセコムグループに加わっているアット東京のCC1は、やはり「お堅い」。内部はおおむね普通のオフィスビルのような雰囲気で、社員や出入り業者の服装も「いかにもサラリーマン」という感じだ。その多くが電車で通勤してくる。

これに対して、さくらインターネットの石狩データセンターは、いかにもベンチャー企業という雰囲気。洒落たオフィスにコンピュータやケーブルが雑然と並ぶ様子は、大学の理系研究室にむしろ近いように思われた。

いろいろな会社が、いろいろなやり方でインフラを運営している。それらのパッチワークの上に成立しているのが我々の知るサイバースペースである、ということになるだろうか。

とすると、サイバースペースはこの物理空間内に多くの脆弱性を抱えているということにもなる。続く第5章では、海底ケーブルを例にこの点について詳しく考えてみたい。

第5章

海底ケーブルの覇権を巡って
～新たな戦場になる海底～

小泉　悠

「不可欠で危なっかしい」海底ケーブル

2017年、英国のシンクタンク「ポリシー・エクスチェンジ」が一本の報告書を公表した。[*1] メインタイトルは『海底ケーブル』とされているが、重要なのはサブタイトルの方である。いわく、「不可欠で、危なっかしい(Indispensable, insecure)」。海底ケーブルの現状を表すものとして、これ以上ないサブタイトルと言える。

第2章で小宮山が指摘しているように、国際通信の99%は現在、海底ケーブルを経由して行われている。問題のレポートが書かれた時点で、海底ケーブルは一日に1500万回もの金融取引に用いられ、その取引額は10兆ドルにもおよんでいた。海底ケーブルはまさに世界経済の大動脈であり、「不可欠」なものである。ところが、海底ケーブルの大部分は民間企業が引いた商業施設であり、それゆえに国家の防衛政策において十分な保護の対象となっていない。国連海洋法条約(UNCLOS)をはじめとする国際法体系も、商業施設に過ぎない海底ケーブルを守ってはくれない。これが「危なっかしい」のだという。

どう「危なっかしい」のか、より具体的に見ていこう。

報告書が指摘するのは、国際通信を担う海底ケーブルの数はそう多くないという点である。報告書が書かれた2017年時点で、世界の海底に敷設されていた国際通信ケーブルは21

3系統。このうちの何本かが破損する程度の事態は決して珍しくない。ケーブルは事故や自然災害によって割としょっちゅう切れるものであり、その際には他のケーブルを代替ルートとして用いることで、被害は最小限度に抑えられてきた。

だが、巨大な力によって複数のケーブルが同時に切断されるとなると、話は違う。報告書が注目するのは2006年の台湾沖地震の例だ。バシー海峡で発生した大規模な地滑りによって台湾から香港・東南アジアへのインターネット通信は完全に遮断され、香港と世界の金融市場を繋ぐ海底ケーブルは一時的に1本だけになってしまった。[*2] その1本が生き残ったのは偶然に過ぎない。

このように、海底ケーブルは非常に脆弱である。長崎市西泊の海底線史料館で学んだことのうち、特に印象に残っているのは、海底ケーブルが思ったよりもずっと細いということだった。報告書に序文を寄せたジェイムズ・スタヴリディス元米海軍大将（元NATO欧州連合軍司令官）は、これを「庭のホースくらい」と表現するが、[*3] 実物を目にするとまさにその

＊1　Rishi Sunak, Undersea Cables: Indispensable, insecure (Policy Exchange, 2017). https://policyexchange.org.uk/wp-content/uploads/2017/11/Undersea-Cables.pdf
＊2　Ibid, pp.19-20.
＊3　Ibid, p.9.

くらいである。何千メートルもの深海で水圧に耐えるのだからさぞかし太くて頑丈なのだろうと思い込んでいたのだが、単に水圧に耐えるだけならこれで十分なのだという。ということは水圧以上の圧力がかかった場合、海底ケーブルは簡単に切れる。

実際、海底線史料館には様々な理由で破損したケーブルの実物がいくつも展示されていた。魚網に引っかかるとか、船の錨が当たるというケースが多いようだが、この程度で切れるケーブルなら、破壊工作もそう難しくない。ちょっとした爆薬や工具があれば十分だろう。

また、海底ケーブルやその陸上げ地点は、同じような場所に集中する傾向がある。ケーブルや陸上局を設置しやすい地形、水深、需要地（大都市や外国）との距離といった地理的条件を考慮すると、適当な地点はどうしても絞られてくるからである。こうした地点は、チョークポイント（隘路（あいろ））と呼ばれる。

したがって、チョークポイントで何らかの事態が発生すると、その影響は非常に広範囲におよぶ。前述した２００６年の台湾沖地震はその典型と言えるだろう。地震による海底地滑りが発生したバシー海峡は、アジアの通信網にとってまさにチョークポイントと呼ぶべき場所で、中国と東南アジア諸国、日本、韓国、米国などを結ぶ海底ケーブルが集中的に敷設されていた。これらを修復するために必要とされたケーブルシップは実に11隻、期間は49日間におよんだというから、チョークポイントを破壊されると復旧がいかに困難であるかがよくわかる。当然、チョークポイントは有事における格好の攻撃目標、すなわち「重心」であると考えておかねばならない。

　では欧州のチョークポイントはどこかというと、まずあげられるのは北海であろう。英国国際戦略研究所（ＩＩＳＳ）の『ミリタリー・バランス』には毎年、その時々の安全保障にとって重要な地域の地図に各種の情報を加えたインフォグラフィックスが付録としてついてくるが、２０２４年度版のそれは欧州・大西洋海域の海底インフラ地図であった。通信ケーブルだけでなく、海底油田・ガス田とこれらを運び出すパイプラインのルート、洋上風力発電所の位置も描き込まれており、それらが最も密集している地点が北海であることがわかるようになっている。[*4] 北海は、西欧と北欧、そしてブリテン島を結ぶ地点に位置する上、平均水深が90メートルとごく浅いため、インフラの敷設に関する難易度も相対的に低い。チョークポイント化するのは自然の成り行きであった。

　一方、ブリテン島を挟んで反対側に位置するアイリッシュ海からビスケー湾にかけては、大西洋横断海底ケーブルが集中している。欧州と北米を結ぶ光ファイバーケーブルは合計21系統あるが、そのうちの実に15系統がこの海域から出発し、カナダのニューファンドランド

＊4　IISS, *The Military Balance 2024* (Routledge, 2024).

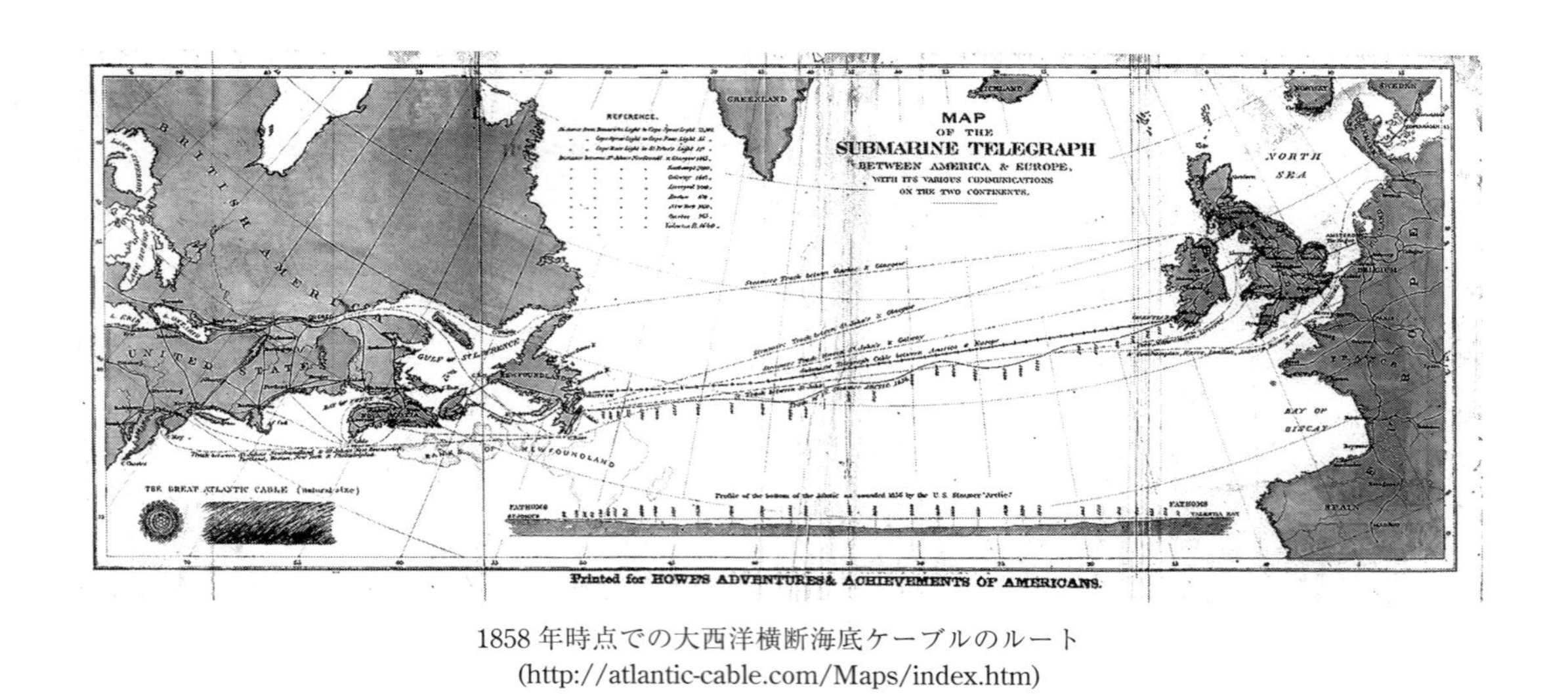

1858年時点での大西洋横断海底ケーブルのルート
(http://atlantic-cable.com/Maps/index.htm)

や米国東岸へ延びているのだ。驚くべきことに、このルートは20世紀初頭の海底ケーブル地図とほとんど変わっていない。それどころか、海底ケーブルの敷設が本格化した1860年代と比べても大きく変わらないというのだから[*5]、サイバー空間と地理の関わりの強さが改めて確認されよう。裏を返せば、「重心」としての海底ケーブルがどこを通っているのかは、おおむねわかっているということである。

大国間競争時代の始まり

問題は、海底ケーブルを誰が意図的に破壊しようとするのかだ。前出のスタヴリディスは、最近の論考の中でこんなふうに述べている[*6]。

＊5　David E. Sanger and Eric Schmitt, "Russian Ships Near Data Cables Are Too Close for U.S. Comfort," *The New York Times*, 2015.10.25. https://www.nytimes.com/2015/10/26/world/europe/russian-presence-near-undersea-cables-concerns-us.html

＊6　James Stavridis, "Russia's Scariest New Threat Is Underwater, Not in Space," Bloomberg, 2024.2.22. https://www.bloomberg.com/opinion/articles/2024-02-22/russia-s-new-threat-is-undersea-cables-not-a-space-nuke

10年前、私がより懸念していたのはテロリズムだった。私はＮＡＴＯの軍事司令官として、アル・カイダや類似の組織がケーブルを攻撃して世界経済を混乱させられるかどうか評価するよう指示を出した。そして、我々の焦点は陸側にあった（それらは陸上げされるところが最も脆弱である）。テロ・グループが深い海底を狙う可能性は低いと考えていたのである。

スタヴリディスがいう「10年前」とは、おおむね２０１０年代半ばを指す。冷戦終結から四半世紀を経た当時、欧米にとって最大の脅威といえばまずテロだった。２０１４年にはイスラム過激派組織「イスラム国」がシリアとイラクの広範な領域を実効支配するという事態も起きていたからなおさらだろう。

だが、この時、世界では新たな動きが生まれ始めていた。２０１４年2月、ロシアがウクライナ領クリミア半島を突如として占拠し、翌3月には一方的に「併合」を宣言したのである。同年春以降には、ウクライナ東部のドンバス地方でもロシア政府の支援を受けた民兵集団が武装蜂起し、夏にはロシア正規軍も介入して本格的な紛争（ドンバス紛争）に発展していった。当然、ロシアと西側の間でも緊張が高まり、双方による制裁と軍事力強化の応酬によって「冷戦後最悪」と呼ばれるまでに関係性は悪化していった（その後には、ロシアによるウクライナへの全面侵攻という二番底がまだ控えていたわけであるが）。さらにこの時期、インド太平洋地域では中国の軍事力増強がいよいよ本格化し、特に南シナ海における強引な海洋進出が国際的な問題となっていた。オバマ政権期における米国の対応は比較的抑制的なものであったが、２０１７年に成立したトランプ政権はより強硬な姿勢を示し、米中の軍事的対立が顕在化していった。

こうなると、海底ケーブルに危害をおよぼしかねない主体はテロ組織に限られなくなってくる。ごく初歩的な破壊工作能力しか持たないテロリストだけでなく、深海中で軍事作戦を行う能力を持った大国から海底ケーブルを保護することを、西側は本格的に考えなければならなくなってきた。

インターネットが世界中を繋ぎ、価値観から商習慣に至るまで全てを平準化していくだろうという期待は、この時期には急速に萎（しぼ）みつつあった。冷戦期の軍事的緊張にはおよばないものの、大国が力の論理をむき出しにして互いの利益を競い合う時代、いわゆる「大国間競争」時代の始まりである。

ロシアの秘密海中工作部隊

ところで、ここまで引用してきた報告書の執筆者は、リシ・スナクという。２０２２年にアジア系として初めて英国首相となった、「あの」スナクだ。金融機関勤務を経て2015年に下院議員に初当選したスナクは早くから安全保障問題に強い関心を持っており、2020年にはジョンソン政権の財務相に抜擢された。そのスナクが海底ケーブルの保護を訴えていたというのは、あまり知られていない事実であろう。

スナクは、海底ケーブルを脅かしかねない主体としてロシアをあげ、1章を割いている。ここでスナクが強調しているのは、ロシア海軍が水中工作能力を急速に向上させており、欧州や米国の沿岸で不審な潜水艦による活動が観察されている事実、そしてこれに対抗できる西側海軍の対潜能力があまりにも低いという懸念である。[*7]

もう少し詳しく見ていこう。ソ連軍は1960年代から、深海調査を専門とする組織を設置していた。当初、ツェントル19（第19センター）と呼ばれたこの組織は、幾度かの改称を経て、深海調査総局（GUGI）の名で現在も存続している。その正確な任務は最高機密であり、はっきりしない。ただ、当初の目的は米海軍が世界中の海底に設置した水中聴音システム（SOSUS）のありかを探り出してマッピングすることであったようだ。核ミサイルを搭載したソ連の原子力潜水艦が安全にパトロールを行うためには、どこに米軍の「耳」があるのかを正確に把握せねばならなかった。グリーンランド＝アイスランド＝ブリテン島を結ぶGIUKギャップや日本周辺の三海峡は、特に重点的な調査対象だったはずである。

まず用いられたのは、深海まで潜れる特殊な潜航艇（ロシア語では深海ステーションと呼ぶ）を水上の母艦に搭載して外洋まで持っていき、海底に下ろすという方法だった。ただ、この方法では、ソ連海軍がどのあたりを嗅ぎ回っているのかが西側の海軍に容易に知られてしまう。そこで今度は潜水艦に潜航艇を搭載し、母艦ごと海中に隠れて調査を行うという方法が採用されるようになった。1980年代には弾道ミサイル原潜（SSBN）を改造した大型の母艦にこれまた原子力推進の潜航艇を搭載するという方式が確立され、現在のGUGIも基本的にはこの方法で世界中の海底を調べまわっているようだ。さらにスナクが指摘する通り、GUGIは各種の水上艦船を保有しており、これらもやはり潜水艇の母艦としての機能を有している。

137ページの表は、GUGIが保有する艦船をまとめたものだ。ここからまず読み取れるのは、その規模の大きさであろう。潜航艇の母艦となる原子力潜水艦だけで3隻（+建造中1隻）におよび、このほかに水上母艦が4隻（+建造中3隻）、軍用ケーブル敷設船2隻が建造中である。このほかにもロシア海軍は深海作業を実施可能な海洋観測艦多数（小型のものも含めて実に78隻）、ケーブルシップ5隻、救難・サルベージ船38隻を保有しており、

＊7 Sunak, op. cit. pp. 28-31.

これらは必要に応じてＧＵＧＩや参謀本部情報総局（ＧＲＵ）による海中工作作戦に動員されていると見られる。[*8]

わからないのは、彼らの目的が今でもＳＯＳＵＳのありかを探すことだけに限定されているのかどうかである。冷戦後の米海軍はＳＯＳＵＳよりも進化した固定式分散システム（ＦＤＳ）と呼ばれる水中聴音システムを運用しているとされ、これらのセンサーを探す任務をＧＵＧＩが依然として負っていることはたしかであろう。ただ、スナク報告書も指摘する通り、ＧＵＧＩの任務はそれよりも広範にわたっている可能性が高い。つまり、海底ケーブルのありかもまた、ＧＵＧＩの「調査」対象となっているのではないかということだ。

サイバー戦は、何もインターネット空間の中で行わねばならないと決まっているわけではない。実際、ロシアが２０１４年にクリミア半島を占拠した際には、半島内の通信会社に特殊部隊を送り込む一方、海底ケーブルを破壊して物理的にウクライナ本土との通信を遮断するという「物理的サイバー戦」を展開した。[*9] その深海バージョンをロシアが行うかもしれない、という懸念は、安全保障関係者であればすぐに思い浮かぶ。

西側諸国の中で特に懸念が高まったのは、ＧＵＧＩの新鋭水上母艦「ヤンタリ」が就役した２０１５年のことだった。同年、初の長距離航海に出た「ヤンタリ」がキューバへと向かう途中で米国東岸を航行し、これが米国の強い関心を惹いたのである。水上母艦である「ヤ

種別	級別	艦名	就役	備考
潜水艇母艦	09786型	オレンブルグ	2002年	667BDR型（デルタIII型）SSBNを改造。北方艦隊配備（現在は長期修理中）
	09787型	ポドモスコヴィエ	2016年	667BDRM型（デルタIV型）SSBNを改造。北方艦隊配備
	09852型	ベルゴロド	2022年	建造中止となった949A型（オスカーII型）巡航ミサイル原潜を改造。太平洋艦隊配備を目指して慣熟訓練中
	09851型	ハバロフスク	2024年（予定）	建造中。太平洋艦隊配備と伝えられる
水上母艦	22010型	ヤンタリ	2015年	北方艦隊配備
		アルマーズ	未定	建造中。太平洋艦隊配備と伝えられる
		ヴィツェ・アドミラル・ブリリチョフ	未定	建造中
	02670型	エフゲニー・ゴリグレジャン	2023年	ポーランド製大型タグボートを改造。バルト艦隊配備
	11982型	セリゲル	2012年	北方艦隊配備
		ラドガ	2018年	バルト艦隊配備
		イルメン	未定	建造中
ケーブルシップ	15310型	ヴォルガ	未定	建造中（工事中止との情報あり）
		ヴャトカ	未定	同上

ロシア国防省深海調査総局（GUGI）の保有船舶

ンタリ」の活動自体は航空機や衛星で常に監視されていたが、こうして把握された海底ケーブルの敷設ルートは、盗聴や破壊工作のターゲット選定に用いられる可能性が非常に高い。

さらにスナク報告書の公表から3年後の2020年、米国防総省が公表した一本の文書が世間の注目を集めた。2021年度国防予算の概要をまとめたこの文書の中に、中国とロシアの海軍がどこで活動しているのかを示す地図が掲載されていたのである。世界の海底ケーブルの主要なルートと中露海軍の活動が確認された地点を重ね合わせたものだ。この中で青く示されたロシア海軍の活動の痕跡は、大西洋の両岸を結ぶ海底ケーブルのそれとかなりの程度合致していた。[*10]

海底ケーブルの安全性についての西側の懸念は強まる一方である。スナク報告書の続編として2024年に「ポリシー・エクスチェンジ」が公表した報告書によると、欧州大西洋方面では原因不明の海底ケーブル切断事案が8回発生しているほか、重要海底インフラ付近におけるロシア艦船の活動は70回以上観察されている。[*11] 主な事例は次の通り。[*12]

●アイリッシュ海の海底ケーブル敷設ルート付近をGUGIの「ヤンタリ」が航行した事案（2021年）
●ノルウェー海で海底ケーブルが切断された事案（2022年）

●ロシア海軍の海洋観測艦「アドミラル・ウラジミルスキー」が英スコットランド沿岸のマレー湾に3日間にわたって停泊した事案（2022年）

●英シェトランド島沿岸を通る海底ケーブル2本が同時に切断された際、付近でロシアの科学探査船が目撃された事案（2022年）

●フィンランド＝エストニア間およびスウェーデン＝エストニア間の海底ケーブルが同じ日に切断された事案（2023年）

＊8 Sidharth Kaushal, ***Stalking the Seabed: How Russia Targets Critical Undersea Infrastructure*** (Royal United Service Institute, 2023). https://rusi.org/explore-our-research/publications/commentary/stalking-seabed-how-russia-targets-critical-undersea-infrastructure

＊9 Douglas Barrie and James Hackett, eds., ***Russia's Military Modernisation: An Assessment*** (IISS, 2020), p. 38.

＊10 Office of the Under Secretary of Defense (Controller)/Chief Financial Officer, ***Defense Budget Overview: Irreversible Implementation of the National Defense Strategy*** (U.S. Department of Defense, 2020), 9-12. https://comptroller.defense.gov/Portals/45/Documents/defbudget/fy2021/fy2021_Budget_Request_Overview_Book.pdf

＊11 Marcus Solarz Hendriks and Harry Halem, ***From space to Seabed: Protecting the UK's undersea cables from hostile actors*** (Policy Exchange, 2024), p. 9. https://policyexchange.org.uk/wp-content/uploads/From-space-to-seabed.pdf

＊12 *Ibid*, p. 27.

●バルト海の海底ケーブル集中海域で50隻以上におよぶロシア艦船が活動した事案（時期不明）

西側の対策とロシアのコスト賦課戦略

こうしてみると、ロシアによる海底ケーブルへの脅威は、もはや可能性の問題ではない。海底インフラが現にロシアの脅威にさらされている可能性は相当高いとみるべきであろう。

中でも最悪のシナリオは、ロシア海軍が欧州・大西洋の海底で通信ケーブルを一斉に破壊する事態である。さらにロシアは近年、人工衛星破壊（ＡＳＡＴ）を目的としたキラー衛星の開発やその実験を行っている。海底を経由する通信と同時に人工衛星まで破壊されたとしたら、ＮＡＴＯの欧州諸国は米国との通信手段を全て断たれるという事態に陥りかねない。仮にロシアと西側との全面戦争が勃発した場合にこのような事態が起きたなら、指揮通信系統の混乱を突いたロシア軍が欧州東部で一時的に優勢を確保し、その間に既成事実を確立してしまう、というシナリオも考えられないではない。

こうした状況下で、西側諸国は重要海底インフラ（ＣＵＩ）の保護に本腰を入れつつある。スナク報告書公表後の２０２０年、英国政府は海底インフラの保護に関する省庁の合同機関として統合海洋安全保障センター（ＪＭＳＣ）を立ち上げ、その下に設置された統合海洋オペレーション調整センターが海中環境の常時監視を始めた。[*13] さらに英海軍は、海底油田プラットフォームへの補給に使われていた民間船舶を買い上げ、水中調査用の無人潜水艇（UUV）を発進させる能力を持った水上母艦「プロテウス」へと改造するという緊急措置まで行っている（次ページの写真参照）。

また国際的な枠組みとしては、2023年に大きな進展があった。英国を含む北海・バルト海沿岸10カ国によるCUI保護のための統合遠征部隊（JEF）が設立されたほか、NATOの合同海洋作戦を指揮する連合海洋コマンド（MARCOM）傘下に重要海底インフラ調整セル（CUICC）が設けられたのである。矢継ぎ早の動きからは、欧州諸国の抱く懸念の強さが伝わってくる。

こうした動きは、今後も続いていくだろう。たとえば米国のシンクタンクである戦略国際問題研究所（CSIS）は、現在4つ設けられているNATOの常設合同海上グループ（SNMG）をもう一つ増やし、これをCUI保護専任とすることなどを提案している。[*14] スタヴ

＊13　UK Government, *Joint Maritime Security Centre*. https://www.gov.uk/government/groups/joint-maritime-security-centre

＊14　Sean Monaghan, Otto Svendsen, and Michael Darrah, *NATO's Role in Protecting Critical Undersea Infrastructure* (CSIS, 2023). https://www.csis.org/analysis/natos-role-protecting-critical-undersea-infrastructure

英海軍の無人潜水艇母艦「プロテウス」
(By Montreuxconvention - Own work, CC BY-SA 4.0.
https://commons.wikimedia.org/w/index.php?curid=130389273)

リディスのビジョンはもう少し技術的で、海底ケーブルそのものの強靭化、存在自体を公表しない「ダーク・ケーブル」の敷設、海底ケーブルに依存しない代替通信手段開発への投資といったメニューが並ぶ[*15]。

一方、オーストラリア戦略政策研究所(ASPI)のメルセデス・ペイジ上席研究員によれば、「いいニュース」もあるという。ロシアのGUGIも欧州・大西洋海域の海底ケーブルを完全に破壊する能力は持っておらず、なおかつ他の海域を通る海底ケーブルを経由すれば米国との通信は維持可能だ、というのである。また、GUGIが装備する潜水艇母艦や水上母艦は高価で建造に時間がかかるため、ロシアが近い将来に大西洋の海底ケーブルを根こそぎ切断できるようになる見込みも薄い[*16]。

以上は事実ではあるのだが、果たして本当に「いいニュース」であるのかどうかは微妙なところである。

問題は、全面戦争のような高烈度事態における根こそぎ的な破壊だけに限られないからだ。たとえば、ロシアが海底ケーブルを狙うとしたら、それはむしろ全面戦争へのエスカレーションを引き起こさない範囲で西側の経済を混乱させ、人々に心理的衝撃を与えることを狙った「死活的に重要なインフラを破壊するための戦略作戦（ＳＯＤＣＩＴ）」になるのではないか——「ポリシー・エクスチェンジ」の２０２４年度版報告書はこのような見方を示す。[*17]

この種の、戦争の閾値（いきち）を超えない作戦のメリットは、攻撃側の負うコストが防御側よりも圧倒的に低いということだ。いつ・どこで海底ケーブルを狙うのかはロシア側が自由に決定できる（つまり主導権を握っている）以上、海底インフラ付近で何かしら怪しい動きをして見せるだけで、西側はその保護のために大きなコストを負担しなければならなくなる。

---

*15 Stavridis, op. cit.

*16 Mercedes Page, "Could Russia Deliver on its Threat to Cut Subsea Cables?" ***The Maritime Executive***, 2023.6.25. https://maritime-executive.com/editorials/could-russia-deliver-on-its-threat-to-cut-subsea-cables

*17 Solarz Hendriks and Halem, *op. cit.*, p. 26. なお、ＳＯＤＣＩＴの概念については、マイケル・コフマンらによる以下の論文を参照されたい。Michael Kofman, Anya Fink, Dmitry Gorenburg, Mary Chesnut, Jeffrey Edmonds, and Julian Waller (with contributions by Kasey Stricklin and Samuel Bendett), ***Russian Military Strategy: Core Tenets and Operational Concepts*** (CNA Corporation, 2021), pp. 68-71. https://www.cna.org/archive/CNA_Files/pdf/russian-military-strategy-core-tenets-and-operational-concepts.pdf

しかも、これは通信ケーブルに限った話ではない。エネルギーのクリーン化のために電力グリッドの最適化が求められるようになり、これに合わせて海底電力ケーブルの需要が逼迫(ひっぱく)しているからである。[*18]言い換えれば、CUIを脅かす能力を持っておくだけでロシアは西側に対するコスト賦課が可能なのであり、西側諸国が現に取りつつある対策は、ある意味で、ロシアの戦略の成功を示すものだと言えなくもない。もちろん、CUIをこのまま丸裸にしておくことはもはや不可能なわけで、ロシアの海中工作部隊は実に厄介なジレンマを突きつける存在と言えるだろう。

スノーデン・ファイルが示す光ファイバーケーブルの脆弱性

より烈度の低い、平時の脅威についても検討しておく必要がある。海底ケーブルが盗聴される可能性だ。

冷戦時代の米ソは、この種の工作を活発に行っていた。当時はまだ銅線ケーブルが主流であったため、ケーブルを探し出して盗聴器を取り付けると、側方へ漏れてくる輻射(ふくしゃ)(サイドローブ)を捉えることができた。

一方、現代の光ファイバーケーブルはサイドローブを出さないため、盗聴は原理的に不可能だとされている。我々が訪れた西泊でも、ケーブルや中継器に盗聴器を取り付けることはできないはずだと担当者は断言した。

だが、私と小宮山があるアメリカ人の専門家にその話をすると、彼は少し噴き出すような仕草をしてみせた。「そんなわけない」というのだ。その彼が勧めてくれたのは、「HIMR Data Mining Research Problem Book」という100ページ弱の文書だった。[*19] 最初のページには大文字で「UK TOP SECRET」と記されていることから、英国政府の作成した機密文書であることが読み取れる。作成日は2011年9月20日となっていた。

そんな代物がネット上に転がっているのは、米国国家安全保障局（NSA）の元職員、エドワード・スノーデンによる暴露の結果である。自国の政府が国民や同盟国を監視していることに嫌気がさしたスノーデンは、その事実を示す大量の文書を暴露した上でロシアへ国外逃亡した。問題の「HIMR Data Mining Research Problem Book」はその一部であり、ハイルブロン数学研究所という学術研究機関と、英国の通信傍受機関である政府情報通信本部（GCHQ）が共同で行ったデータ分析手法についての概要がまとめられている。

＊18　Solarz Hendriks and Halem, *op. cit.*, pp. 24-25.
＊19　OPC-MCR, GCHQ, *HIMR Data Mining Research Problem Book*, 2011. https://www.documentcloud.org/documents/2702948-Problem-Book-Redacted

だが、件のアメリカ人専門家から「読んでみろ」と言われたのは、全体のバックグラウンドを記述した第2章だった。読んでみて、素直に驚いた。データ分析の前提として、英国政府がどうやってインターネット空間から膨大な生データを取り出しているのかが、そこでは解説されていたからである。

この文書によると、ＧＣＨＱではインターネット通信回線のことを「運び屋（bearer）」と呼び、ここに盗聴器が取り付けられることを「カバー」と表現する。そして、ＧＣＨＱは２００８年以降、２００本以上のインターネット回線を「カバー」しており、各回線からは毎秒10ギガバイト（10Gbps）という膨大なデータが吸い上げられてくるのだという。[*20]

要はインターネット盗聴だが、これほどの大容量通信を行えるのは光ファイバーケーブルだけのはずである。とすると、ＧＣＨＱは15年以上前から光ファイバーの盗聴技術を確立していた可能性が高いし、そのターゲットの多くは海底ケーブルだったのではないか。前述の通り、英国の周囲には海底ケーブルのチョークポイントが集中しており、ロシアのＧＵＧＩにとってだけでなく、ＧＣＨＱにとっても格好のターゲットであっただろう。実際、スノーデンが暴露した別の文書では、ＧＣＨＱが２００８年から大西洋横断光ファイバーケーブルの盗聴を行っていたことや[*21]、太平洋ではニュージーランドの政府通信安全保障局（ＧＣＳＢ）がＮＳＡの協力を得て同じような作戦を実施していたことも明らかにされている。[*22]いずれもアングロサクソン系諸国による機密情報共有の枠組み「ファイブ・アイズ」の加盟国である。これらの国々の間では光ファイバーケーブルへの盗聴はもはや常識であるとみるべきであり、これと同じことをロシアができないと考える理由もまたない、と考えるべきだろう。

中国という難問

最後に中国に視点を転じてみたい。

中国海軍は過去30年間で急速に成長し、今や名実ともに米海軍に次ぐ世界第2位の海洋戦力となった。だが、その割には、中国海軍がＧＵＧＩに相当する機関を設置したとか、そのための海中工作用潜水艦を建造しているという話は聞かれない。もちろん、軍用ケーブルシ

＊20　OPC-MCR, GCHQ, *op. cit.*, p. 9.
＊21　Ewen MacAskill, Julian Borger, Nick Hopkins, Nick Davies and James Ball, "GCHQ taps fibre-optic cables for secret access to world's communications," *The Guardian*, 2013.6.21. https://www.theguardian.com/uk/2013/jun/21/gchq-cables-secret-world-communications-nsa
＊22　Philip Dorling, "Edward Snowden reveals tapping of major Australia-New Zealand undersea telecommunications cable," *The Sydney Morning Herald*, 2014.9.15. https://www.smh.com.au/technology/edward-snowden-reveals-tapping-of-major-australianew-zealand-undersea-telecommunications-cable-20140915-10h96v.html

ップや海洋観測艦は熱心に整備している。したがって、対潜水艦作戦（ASW）用の水中聴音システムを敷設したり、米海軍のそれを探したりということはやっているはずだが、軍事作戦としてのCUI破壊にはあまり関心がないように見える。2023年には台湾の馬祖島と本島を結ぶ海底ケーブルが2本とも切断されるという事件が起きたものの、その「犯人」は中国船籍の漁船と貨物船から引きずられた錨であったと見られる。[*23] 手法としては非常に原始的だ。

代わって懸念されているのは、情報通信インフラそのものの主導権を中国が握ってしまう可能性である。海底ケーブルに話を絞って考えてみよう。中国は海底ケーブルを大規模に開発・製造・敷設する能力を持った唯一の非西側国だ。米欧日が独占していた通信インフラの世界に風穴を開けたことになる。その中国が、発展途上国に対する融資なども組み合わせてインド太平洋地域の通信インフラ整備を担うようになれば、情報空間のガバナンスから技術標準に至るまでを中国が制するようになるかもしれない。[*24] カネと技術に乏しいロシアが西側の覇権を妨害しようとするのに対し、カネも技術もある中国は真っ向勝負であり、それゆえにより根本的な挑戦を突きつける。

SEA-ME-WE-6という名の海底ケーブルを巡る一件は、このような懸念を背景としたものであった。SEA-ME-WE-6は、シンガポールからインド洋を経てフランスのマルセイユまでを繋ぐという壮大な計画であり、その総延長は1万9200キロメートルとほぼ地球半周分に匹敵する。

問題は、この巨大ケーブル網の敷設を請け負ったのが、中国のファーウェイ傘下にあるHMNテック社（華為海洋網絡有限公司）であり、クライアントとなる国際企業コンソーシアムにも中国企業が3社入っていたことだ。しかも、入札に際してHMNテックが提示した5億ドルの敷設費用は、米サブコム社の入札額（約7億5000万ドル）と比べて3分の2であったという。海底ケーブル網の敷設で主導権を握ろうとする中国政府が多額の補助金を注入した結果の値下げであったと見られている。*[25]

米国は、この事態を重く見た。単に海底ケーブル敷設における中国の存在感が増すだけで

---

*23 「海底ケーブル切断で電話やネット遮断、中国船関与か…台湾本島で同様の事態懸念」『読売新聞』2023年3月3日。https://www.yomiuri.co.jp/world/20230302-OYT1T50368/

*24 Asha Hemrajani, *The Quad Partnership for Cable Connectivity and Resilience* (S. Rajaratnam School of International Studies, 2023). https://www.rsis.edu.sg/rsis-publication/cens/the-quad-partnership-for-cable-connectivity-and-resilience/

*25 Joe Brock, "U.S. and China wage war beneath the waves – over internet cables" *Reuters*, 2023.3.24. https://www.reuters.com/investigates/special-report/us-china-tech-cables/

なく、ケーブルそのものに盗聴の危険があると考えられたのである（このことからも米国が光ファイバーケーブルの盗聴は可能だと考えていることがわかる）。このような懸念を背景として、米国はSEA-ME-WE-6計画を進める国際企業コンソーシアムに圧力をかけた。この事実を初めて明らかにしたロイター通信の報道によると、米国政府はSEA-ME-WE-6計画に関与していた通信事業者5社に「研修費用」として総額380万ドルの補助金を支出する一方、HMNテックを制裁対象にすると警告し、投資が無駄になりかねないとの脅しをかけたという。結局、SEA-ME-WE-6の敷設はサブコムが請け負うということで仕切り直しが図られた。[*26]

しかも、SEA-ME-WE-6事件は、氷山の一角である可能性が高い。ロイター通信によると、米国政府はこれまでに少なくとも6件の海底ケーブル敷設プロジェクトに圧力をかけてHMNテックを排除したり、ルート変更や計画破棄を強制してきたという。このうち二つのプロジェクトについては既に数千キロメートルものケーブルを敷設し終わった時点で米国からの圧力に直面したというから、中国のケーブル覇権を阻止しようとする米国の方針は割に最近になってから本格化したのだろう。この方針変更により、グーグル、メタ、アマゾンなどの巨大テック企業は巨額の損害を被った（こうむ）というが、[*27]それでも米国は、海底ケーブルを巡る中国との覇権競争を優先したわけである。

日本に求められる対策

西側諸国がロシア・中国と海底で繰り広げている戦いは、日本にとっても他人事ではない。たとえばロシアである。137ページの表が示しているのは、ロシアの海中工作能力が単に増強されつつあるだけでなく、極東にもおよびつつあるという事実だ。従来、GUGIの潜水艇母艦や水上母艦はほとんどが北方艦隊に配備されてきたが、既に09852型潜水艇母艦ベルゴロドは太平洋艦隊配備に向けて慣熟訓練に入っており、ここには近く09851型のハバロフスク、22010型水上母艦アルマーズが加わる予定となっている。これだけ大規模な海中工作能力が太平洋艦隊に配備されるというのは、冷戦期においてさえなかったことだ。

＊26　Brock, *op. cit.*

＊27　たとえば2020年には、グーグル、フェイスブック（現メタ）、香港企業の共同出資による香港＝米西海岸間の海底ケーブル計画を米司法省が差し止め、ルート変更を余儀なくされるという事件が起きている。大室一也、目黒隆行「『情報が筒抜けに』　海底ケーブルでも『中国排除』　鮮明にしたアメリカ」『GLOBE＋』2020年11月1日。https://globe.asahi.com/article/13885226

ロシアが何を考えて太平洋方面でＧＵＧＩのアセットを増強しているのかは明らかでない。ただ、そのターゲットを想像するのはそう難しいことではないだろう。これまで見てきたように、アジアのデータセンター集積地となった日本（たとえば千葉、あるいは石狩）は、否応なく軍事的な「重心」とならざるを得ず、そこに繋がる海底ケーブルの大部分は、日本や日本近海を経由して太平洋を横断し、米国に繋がっている。太平洋におけるＧＵＧＩのかつてない増強を前にして、海上自衛隊の対潜水艦作戦（ＡＳＷ）部隊はＣＵＩの保護という新たな任務への適応を求められようし、英国のＪＭＳＣのような省庁横断的取り組みも必要になっていくだろう。それがロシアのコスト賦課戦略であるのだとしても、海底ケーブルを丸裸にしておくわけにいかないことはもはや明らかだ。

また、ＣＵＩは海底だけなく、陸上にもおよんでいる。海底ケーブルの陸上局がそれだ。本書の執筆に先立って小宮山と訪れた石狩でその実物を見て「いかにも脆弱だ」という印象を受けた。施設の前には警察官や警備員の姿はなく、ひょいと壁を乗り越えて簡単に入っていけそうである。訓練を受けた特殊部隊なら造作もないことだろうし、そうなると北朝鮮のように高価で複雑な海中工作アセットを持たない国でも国際通信の大動脈を簡単に破壊できるだろう。

２００１年の米国同時多発テロを受けて、日本の原子力発電所周辺は、サブマシンガンなどを持った警察の銃器対策部隊によって常時厳重に警備されるようになった。それから10年後の2011年には「原子力発電所等に対するテロの未然防止対策の強化について」が政府の国際組織犯罪等・国際テロ対策推進本部によって策定され、防護区域のさらに外側に立入制限区域を設けること、海水冷却ポンプ等の屋外重要施設に障壁を設置することなどの対策が取られるようになっている。[*28] 最も脆弱な状態に置かれている海底ケーブル陸上局にも、まずはこの程度の警備体制を敷くことはできないだろうか。あるいはデータセンターにも一定の保護基準を設け、必要なら何らかの警備を提供するべきなのではないだろうか。

中国が突きつける問題は、これよりもはるかに厄介である。2023年の広島G7サミットにおいては、「ケーブルの接続性と強靭性に関するQUADパートナーシップ」が発表された。[*29] ケーブルインフラの製造、供給、保守に関してQUAD（日本、米国、オーストラリア、インド）から世界レベルの専門知識を結集し、インド太平洋地域のケーブルシステムを強化することをうたったものだが、その具体像はほとんど見えていない。

＊28　警察庁『回顧と展望　警備情勢を顧みて』2013年、4頁。https://www.npa.go.jp/archive/keibi/syouten/syouten282/pdf/99_all.pdf

＊29　The White House, *Quad Leaders' Joint Statement*, 2023.5.20. https://www.whitehouse.gov/briefing-room/statements-releases/2023/05/20/quad-leaders-joint-statement/

また、西泊では、「横浜ゾーン問題」への強い懸念を耳にした。太平洋を通る海底ケーブルの保守は、横浜ゾーン（太平洋西部〜東シナ海）、北米ゾーン（太平洋東部）、SEAIOCMAゾーン（東南アジア）の三ゾーン制による国際分業体制で行われており、このうちの横浜ゾーンでは日本・韓国・中国がケーブルシップを融通し合っている。したがって、日本や韓国のケーブルシップが修理のためにドック入りしているような場合には中国のケーブルシップが日本の海底ケーブルを修理するという事態が排除できず、この際に盗聴器などを取り付けられかねない——というのが「横浜ゾーン問題」である。

いずれも面倒な話ではあるが、海底ケーブルは今や、我々の生活を支える大動脈となっている。それが破れては、面倒どころでは済まないはずだ。

小宮山コラム　サイバー版の赤十字

人類の歴史は悲惨な戦争の歴史でもある。そして歴史の教訓から、「軍事的合理性のある行為に精力を集中させ、早期の勝利のためには不要な殺傷と破壊を禁止する」[*30]目的で、戦争の当事者の行動を律するための国際人道法が形成された。ハーグ陸戦条約、ジュネーブ諸条約、追加議定書などである。

国際人道法では、各国の戦闘員による殺傷や破壊は、敵の戦闘員と軍事目標に向けられなければならないと定めている。軍事目標（ミリタリー・オブジェクト）とは、軍事活動に資する、つまり軍事活動を助けるものである。軍事目標以外は民用物（シビリアン・オブジェクト）と呼ばれる。戦闘に参加していない市民を殺傷したり、民用物を破壊したりすることは国際人道法が禁ずるところである。また、巻

＊30　加藤信行、植木俊哉、森川幸一、真山全、酒井啓亘、立松美也子編著『ビジュアルテキスト国際法　第3版』有斐閣、２０２２年、１６０頁

き添えを最小限にとどめるために、都市を無差別に爆撃してはならない。各種インフラの中でも、とりわけダム、堤防および原子力発電所は破壊された場合の被害が広範におよぶことが明白であることから、ジュネーブ条約第一追加議定書において、仮に軍用であっても攻撃対象に含めてはならないとされている。

国際人道法にはエンブレムという仕組みもある。赤十字、赤新月あるいは赤いクリスタルが描かれた標識が掲示された施設、車両などを攻撃してはならない。エンブレムを身につけることができるのは、軍隊の医療担当や宗教担当、医療機関や人道活動をしている者に限定されている。

完全にルールが遵守されているとはいえないが、既存の形態の戦争においては、不要な殺傷と破壊を防ぐためのルールとエンブレムが存在し、そのエンブレムを見たら攻撃しないという点についての一定の国際的な理解がある。

現在、この保護標識の仕組みをサイバー空間に応用することが検討されている。赤十字国際委員会はこれを「デジタルエンブレム」と呼び、数年かけて検討を重ねてきた。デジタルエンブレムは、専ら医療や人道活動に用いられるサイバーインフラに保護標識をつけ、各国のサイバー作戦実施時には、そのような標識を掲げたシステムを攻撃の対象から外すことによって、サイバー攻撃による巻き添え被害を防ごうというものだ。

ただ、エンブレムをサイバー空間に設けることは容易ではない。サイバー空間においては軍事目標と民用物の見分けが難しいからである。戦車と自家用車を混同する人はいないが、軍隊が用意するサイバー攻撃兵器とセキュリティベンダーが提供する対策ツールを区別するのは難しい。軍事基地と病院の建物を混同する人はいないが、軍隊のシステムと病院のシステムを混同する人はいるかもしれない。

国際法の観点からも技術的観点からも課題は山積みであるが、それでもやはりサイバー攻撃を巡る国際的なルール形成に参加する意義は大きい。それは日本という国の安全保障環境が日々厳しさを増しているからである。とりわけ専守防衛の考えが根強い日本にとっては、デジタルエンブレムなどを通じて攻撃側にコストを賦課していくことが欠かせない。

第6章

ポスト帝国のサイバースペース

～エストニア、ロシア～

小泉　悠

「最前線」の街、ナルヴァ

面積は日本の9分の1、人口はわずか90分の1という小さな国、エストニアの、そのまた小さな街であるナルヴァへと向かっていた。2024年2月のことである。エストニアの大地はまだ硬く凍りついており、バスの車窓から見えるバルト海も灰色に沈んで見えた。

ナルヴァはロシア国境の街として知られ、歴史上、何度も激戦の舞台となってきた。第二次世界大戦でも独ソ軍の戦闘に巻き込まれ、旧市街地はほとんど全焼したという。

ナルヴァが度々（たびたび）戦場になる理由は、その地理的位置によるところが大きい。ロシアとエストニアの間にはペイプシ湖が広がっているため、軍隊の侵攻ルートがどうしても限られるのだ。特にロシアからエストニアの首都タリンを直接目指せるルートは一本しかなく、これがナルヴァを経由している。その日、私を乗せたバスが走っていたのが、まさにその一本道だった。

ナルヴァまで40キロメートルに迫ったところで、携帯電話の電源を切るよう指示が出た。ロシア側にハッキングされる恐れがあるという。一気に身が引き締まる思いがした。

国境とは人間が引いた人為的な線でしかない。島国の日本ではあまり実感が湧かないが、実際に陸上国境というものを目の当（ま）たりにしてみると、それがよくわかる。たとえば私がこ

国境の街、エストニア・ナルヴァ。
左下に検問所が見える。（著者撮影）

れまで目にしてきたロシアの国境には、赤と緑の国境警備隊カラーに塗られたコンクリートの国境標柱が建てられ、その周囲はフェンスや検問所や短機関銃を持った兵士によって厳重に守られていた。これら全てを取り払ってみたらどうだろう。そこにあるのはただの森や川や平原に過ぎない。国境線がそこを通っているることは頭でわかっているが、では、その国境線はなぜ1キロ向こうではないのか。50メートル後ろでないのはなぜか。そこに必然性がないことは明らかで、国境を飾り立てる舞台装置が物々しくなるほど、その線が仮のものに過ぎないという気持ちはむしろ強まる。

ことに電波は、人間が引いた国境など

ものともしない。それゆえに20世紀に入ってから電波メディア、つまりラジオが登場すると、世界の戦略家たちはその威力に注目するようになった。ラジオは、敵対国の国民に対して直接プロパガンダを行うことが可能な情報兵器と見なされたのである。時系列的に見ると、ソ連による対外宣伝放送「モスクワ放送」が始まったのが１９２９年のことであり、１９３２年には英国のＢＢＣが、１９４２年には米国の「アメリカの声（ＶｏＡ）」が国際放送を開始している。いずれも標的国の言語を母語とする移民や亡命者をアナウンサーとした多言語放送だった。

第二次世界大戦後には社会主義圏向けの「ラジオ・フリー・ヨーロッパ（ＲＦＥ）」も加わって、電波を通じたプロパガンダ合戦はより激しさを増した。これに対抗してソ連や東欧社会主義国は国境沿いに電波妨害装置を設置して西側の放送をブロックしていたというから、ラジオ電波は目に見えない戦場であったといってもよいだろう。

１９９１年のソ連崩壊は、こうした状況を大きく変えた。イデオロギー対立が消滅した以上、もはやプロパガンダの重要性は低下したと見なされ、宣伝放送の予算はどこの国でも大幅に減らされた。１９９０年代にロシアの国営放送局「ロシアの声」（モスクワ放送を１９９３年に改称したもの）で勤務していた日本人アナウンサーに話を聞いてみると、当時は特に上からプロパガンダめいたことを話すよう指示が下りてくることはなく、その時々の個人的な関心事などをかなり好きなように話していたようだ。

状況が再び変化するのは、2010年代のことである。前章で述べた通り、ロシアが最初のウクライナ侵攻におよんだことで、欧州は「大国間競争」の時代に突入する。情報空間の緊張も高まった。「ロシアの声」は「スプートニク」へと改称され、放送内容は上層部が厳密に管理するようになった。社員の給料は大幅に増える一方、IDカードで出入りが管理されるようになったので、かつてのように好きなことを話せばいい、というような雰囲気では全くなくなっていった。

ナルヴァでの緊張も高まっていた。ナルヴァにはロシア系住民が多い。エストニアの総人口136万6000人のうち、約4分の1がロシア系とされ、特にナルヴァでは圧倒的多数を占める（2021年の統計では5万4000人弱の人口のうち4万7000人弱）。したがって、ナルヴァは、ロシア発のプロパガンダに対して特に脆弱と見なされてきた。

実際、ナルヴァにはロシアのテレビ電波が届くので、この地の圧倒的多数を占めるロシア系住民はロシアのテレビ番組を見ているという。現地ではナルヴァ市が設立したロシア語放送の担当者とも話をしたが、やはりコンテンツ力が全く違うので真正面から視聴率争いができる状態ではないとのことだった。

また、2014年のドンバス紛争において、ロシア軍はウクライナ兵が持つ私物の携帯電話を広範にジャックしてみせた。戦場上空を飛行するドローンが携帯電話の電波をキャッチして、偽の通信ノードに接続してしまうのである。ロシア軍は、この方法を用いてウクライナ軍指揮官を装い、偽の退却命令を出すなどのサイバー情報戦を展開した。ナルヴァでも同じことが行われるかもしれない、という懸念が生じるのは当然であり、これが携帯電話の電源を切れという指示に繋がるのだろう。

このような懸念を改めて裏付ける事実が、最近明らかになった。ウクライナの団地に設置された2台の監視カメラをロシアの情報機関がハッキングし、空爆の標的を決めるのに利用していたというのだ。ウクライナ保安庁（SBU）のレポートによると、カメラは団地の入居者組合が敷地内の監視用に設置していたものだが、ロシア側はこれをハッキングした上で画角を変更し、政府の重要施設や防空システムの活動状況を把握するために使用していたらしい。しかも、この事例は氷山の一角と見られ、SBUはロシアの侵攻開始以降に1万台ものカメラのウェブ接続をブロックしたという。[*1]

国境が人為的なものであるなら、サイバー空間も人為の産物だ。ただ、前者は明確に定義された二次元的境界であるのに対し、後者はもっと曖昧な広がりである。一応の境界はあるが、ミクロに見た境界面の左右では常に相互の浸透が起きており、きっぱりと分かれるということがない。このようにグラデーション状を呈する境界というのは、近代的な国民国家と

エストニアの首都タリンにあるロシア大使館前はナヴァリヌィ氏獄死への抗議で埋まっていた。（著者撮影）

いうよりも帝国のそれに近い。しかも、ソ連の崩壊は、物理空間においてもグラデーション状の境界（たとえばナルヴァ）を生み出した。ソ連という一つの帝国が滅んだ後に出現したのは、もっと複雑な帝国的境界であったのではないか。本章では、こうした「ポスト帝国」のサイバースペースについて見ていきたい。

脱ソ入欧を目指したエストニア

　ナルヴァから戻って、タリンの街を歩いてみた。丘の上に築かれた11世紀の城

＊1　СБУ, *СБУ заблокувала вебкамери, які «засвітили» роботу ППО під час ракетної атаки рф на Київ 2 січня (відео)*, 2023.1.2. https://ssu.gov.ua/novyny/sbu-zablokuvala-vebkamery-yaki-zasvityly-robotu-ppo-pid-chas-raketnoi-ataky-rf-na-kyiv-2-sichnia-video

塞を中心とする、小さくて雰囲気のいい街だ。翌週に控えた2月24日は、エストニアの独立記念日であると同時にロシアのウクライナ侵攻から2年の節目でもあったから、街中ではエストニア国旗カラーの装飾とウクライナ国旗とがやたらに目に付いた。

ふと、路上のマンホールの蓋に目が行った。「1975г. ГОСТ 3634-61 TALMETALLIST」という刻印が読める。ГОСТ（ラテン文字ではGOST）というのはソ連が定めた国家規格で、かつては原子炉格納容器の材料からアイスクリームの脂肪含有量に至るまでの、あらゆるものがこれに準拠していた。調べてみるとGOST3634というのはまさに点検口に適用される規格であり、GOST3634-61はそのうちの1961年に制定されたもの、という意味であるようだ。1975г. は蓋の製造年、TALMETALLISTは鋳造工場の名である。

タリンの路上で見つけたマンホールの蓋。（著者撮影）

分厚い鉄でできたマンホールの蓋は、驚くほど長命であるらしい。私が勤務する東京大学先端科学技術研究センターはかつての東京帝国大学航空研跡地に置かれているので、キャンパス内にはその名を刻んだマンホールの蓋がまだ残っている。タリンの街角で見かけたものは１９７５年鋳造のようだから、もう半世紀は優に保つだろう。人間社会のありようが大きく変わっても（たとえば帝国が崩壊しても）、インフラの変化はずっとゆっくりである。

ところが、エストニアの通信インフラは急速に脱ソ連化し、今では世界有数のＩＴ大国と呼ばれるまでになった。マンホールは残っても、その中に広がるサイバースペースは全く別物になっているのだ。

その理由の第一は、ソ連が構築した通信インフラが全くお粗末なものであったことにある。１９９１年のソ連崩壊によってエストニアが独立を回復した当時、同国の電話普及率は人口の半分ほどに過ぎず[*2]、それどころか地方部では電話線さえ引かれていないところが多かった。[*3]

＊2　Harvard Ash Center, ***E-stonia: One Small Country's Digital Government Is Having a Big Impact***, 2017. https://medium.com/innovations-in-government/e-stonia-one-small-countrys-digital-government-is-having-a-big-impact-a33e30983c0b

＊3　Mathis Bitton, ***The Estonian Miracle: E-Estonia and the Future of Digital Infrastructure***, 2022. https://www.sps.nyu.edu/homepage/metaverse/metaverse-blog/the-estonian-miracle-e-estonia-and-the-future-of-digital-infrastructure.html

もちろん光ファイバーなどは導入されておらず、一部では1930年代の銅線ケーブルがまだ使われていたという。新生エストニアは、国家の神経ともいうべき通信インフラを再構築することから始めねばならなかった。

その手段として最も手っ取り早いのは、既にある通信インフラをアップデートすることであっただろう。実際、1993年に世界銀行が公表した報告書は、旧東側諸国とのサプライチェーンを再開することで予備部品を入手し、ソ連製通信機器の稼働率を上げるよう勧告していた。だが、エストニア政府はこれを拒否する。ソ連時代を「占領」と位置づけるエストニア政府は、一刻も早く西側への参入を果たそうとしており、そのためには通信インフラも脱ソ連化を図らねばならなかった。これが第二の理由だ。つまり、エストニアにおけるデジタル主権は、国家主権そのものの問題と捉えられていた。[*4]「脱ソ入欧」である。

第三に、エストニアの位置が重要である。日本からエストニアへ行くには、フィンランドのヘルシンキ空港で飛行機を降り、そこから小型のプロペラ機に乗り換えてタリン空港へと向かうのがポピュラーなルートだろう。ヘルシンキからのフライト時間はわずか40分ほどで、上昇したかと思うともう降下が始まるから、機内では飲み物さえ出ない。しかも冷戦時代のフィンランドはソ連寄り中立国であり、エストニア人は他の地域と比べてフィンランドを訪れる機会が多かった（あくまでも出国が認められたエリート層に限っての話であるが）。

この関係性が、ソ連末期に大きく効いた。ソ連時代の通信回線は全てモスクワを経由するように設計されていたが、エストニアは１９９０年にこれを遮断してしまった。代わりにフィンランドとスウェーデンとの間で携帯電話回線を開いたのである。これを皮切りに、エストニアは通信インフラを徐々に北欧製に置き換え、余剰となったソ連製通信機器を旧社会主義国に売却してさらなるインフラ更新費用に充てた。

ただし、エストニアは、無条件に北欧諸国に頼ることはしなかった。ソ連製通信インフラを刷新するために１９７０年代の古い電話交換機を提供するというフィンランドの提案を、当時のマルト・ラール政権が断ったことはその好例と言える。ソ連崩壊後の深刻な経済危機を脱するために経済改革を進めようとしていたラール首相は、ＩＴ化を経済成長の鍵であると見定めていた。通信インフラは脱ソ連であるだけでなく、世界最先端でなければならなかった。

お手本になったのは、やはりフィンランドだった。エストニアの初代大統領レナルト・メ

＊4　Stanislav Budnitsky, "A Relational Approach to Digital Sovereignty: e-Estonia Between Russia and the West," *International Journal of Communication*, No. 16 (2022), p. 1919. https://ijoc.org/index.php/ijoc/article/download/16896/3744

リは、「我々のノキアはなんだ？」というキャッチフレーズを生み出したことで知られる。飛行機で40分の場所にあるフィンランドのノキアが通信機器大手として大成功を遂げたことを引き合いに出して、エストニアをハイテク大国として再生させようとしたのである。[*5]

その成果については、日本でもすでによく知られている。世界初のオンラインバンキングやオンライン投票に始まって、現在では離婚以外のほとんどの手続きが（ということは結婚も）オンラインでできてしまうのだという。確定申告もほんの数分で終わるらしく、毎年のようにレシートの山に埋もれて頭を悩ませてきた身としては実に羨ましい話であった（この数年は税理士を頼むようになってようやく毎年の憂鬱から解放された）。

ブロンズの夜

とはいえ、エストニアの「脱ソ入欧」は簡単ではなかった。

タリンのバーを出たところで、同じく店から出てきた二人組の若者に声をかけられた。日本人か？　何しにエストニアまで来たんだい？　そんな会話を続けるうちに明日、ナルヴァへ行くと告げると、若者の一人が素っ頓狂な声を上げた。「ナルヴァはヤバいぜ！　ロシア人だらけだよ。俺はロシア人に殴られて歯を折られたことがあるんだぞ！」

エストニア、特にナルヴァ地域にロシア系住民が多いことは既に述べた通りである。そして、件の若者の言葉によく表れているように、ロシア系住民とエストニア系住民の間にはある種の緊張関係が残った。特に高齢のロシア系住民はエストニア語を解さず、エストニア政府もまた、ロシア語しか喋れない住民を「無国籍者」として扱うという措置をとった。他方、エストニア政府はロシア系住民のためのエストニア語講座を開くなどして社会への統合も進めたのだが、民族と言語による分断、そして「ロシア人は占領者だった」という意識は容易には拭い難いものであった。

こうした中、2007年4月から5月にかけて起きたのが、有名な「ブロンズの夜」事件である。ことの発端は、タリンの中心部に立つソ連軍兵士の銅像を郊外の墓地に移設するというエストニア政府の決定で、これに反対するロシア系住民による大規模な抗議行動と、ロシア発のサイバー攻撃が引き起こされた。ソ連軍を「占領軍」と見なすエストニアのマジョリティと、彼らは「解放者」であったとするロシア系住民の対立が一気に顕在化した形である。サイバー攻撃は当初、インターネット掲示板で募られた「サイバー民兵」たちが特定の

＊5　Rainer Kattel and Ines Mergel, *Estonia's digital transformation: Mission mystique and the hiding hand* (UCL Institute for Innovation and Public Purpose, 2018), p. 4. https://www.ucl.ac.uk/bartlett/public-purpose/sites/public-purpose/files/iipp-wp-2018-09_estonias_digital_transformation.pdf

サーバに対する大量のアクセス要求を行うという単純なサービス拒否（ＤｏＳ）として始まったが、４月末には状況が大きく変わった。マルウェアによって乗っ取られた世界中のコンピュータからアクセス要求が殺到する、分散型サービス拒否（ＤＤｏＳ）に変化したのである。[*6]

その詳細については既に多くの専門的な解説がなされているのでここでは詳しく扱わない。代わって取り上げたいのは、当時のサイバーセキュリティ関係者にとっては、この攻撃が「退屈なもの」と見なされていたというエピソードだ。[*7] この当時、ＤＤｏＳ攻撃は秒間1ギガバイト（1Gbps）を超えるのが普通になっており、中には24Gbpsを超えるものさえ観測されていた。ところが、エストニアに対して行われたそれは、最大でも秒間90メガバイト（90Mbps）に過ぎなかった。それでも世界に大きな衝撃を与えたのは、それが銀行システムをはじめとする社会インフラを一時的に麻痺させたからだが、その根本的な原因はエストニアの人口規模とＩＴ化の進展にあった。エストニアが一挙にＩＴの最先進国になったとはいっても、通信インフラ整備において想定されていた需要量（通信容量）は１４０万人弱分でしかなかった。そうであるがゆえに、２００７年の基準でさえごく小規模なＤＤｏＳ攻撃が、凄まじい混乱を引き起こしたのである。急速な「脱ソ入欧」政策がかえってロシアの介入に対する脆弱性を生んでしまった、と言えなくもない。

それにしても、エストニアはなぜこうも「脱ソ入欧」にこだわったのだろうか。

ユーラシア大陸の中を見渡してみれば、ソ連崩壊後もロシアとの関係を緊密に保ちながら生きている、という国は少なくない。本書のテーマに即して言えば、旧ソ連諸国の通信インフラは未だにロシアを中心として形成されており、情報空間内の共通言語もロシア語である場合が多い。それゆえに、ロシア語はインターネット空間内で使用される言語として英語に次ぐ第2位の地位（2021年時点で全体シェアの8・3％）を誇ってきた。[*8] ロシア帝国からソ連に至るまで、何世紀もかけて築き上げられてきたロシアの影響力は、そう簡単に消え失せるものではない。マンホールの蓋と同じだ。

そうした中にあって、エストニアが一刻も早くロシアの影響力から脱しようとしたのはなぜだろうか。

意見交換のために訪れたエストニア外務省での会話を紹介したい。ロビーまで出迎えに訪

＊6　Samuli Haataja, *Cyber Attacks and International Law on the Use of Force* (Routledge, 2019), p. 114.

＊7　Andreas Schmidt, *The Estonian Cyberattacks* (Atlantic Council, 2013), p. 11.

＊8　Alexander Sharikov, "Representation of the Psot-Soviet Countries in the Global Online Information Space in 2020-2021: Frequency of Mention, Media Dynamics, Mood Characteristics," Sergey Davydov, ed., *Internet in the Post-Soviet Area: Technological, Economic and Political Aspects* (Springer, 2023), p. 13.

ＫＧＢ博物館に残されている懲罰房（左）と
尋問用の椅子（右）。（著者撮影）

れた外務省の係官に「いかにも共産主義っぽい建物ですね」と言うと、彼はこんな話を教えてくれた。「実はこの建物、もともとはエストニア共産党の本部だったんですよね。それを外務省に改装するために壁を剝がしたら、中からたくさん盗聴器が出てきたんですよ（笑）」

同じような話は、外務省からほど近い旧インツーリスト（国営旅行社）ホテルでも聞いた。外務省と同様、壁じゅうに盗聴用マイクが張り巡らされていたばかりでなく、コーヒーカップの敷き皿にまで盗聴器が仕込んであったのだという。それらの盗聴器ネットワークはホテル最上階に設けられたＫＧＢの詰め所へと繫がっており、ここでＫＧＢの係官たちがホテル中の会話に聞き耳を立てていた（この盗聴部屋はソ連崩壊後もそのまま残されており、ホテルのフロントで受付をすれば見学ツアーに参加することができる）。

もちろん、ＫＧＢはただ黙って人々の会話を聞いていたわけではない。盗聴によって疑わしいと見なされれば容赦なく逮捕され、拷問や処刑の対象となった。現在のロシア大使館にほど近い旧市街の一角には、当時の恐怖政治がどんなものであったかを生々しく記録した博物館がある。その名もＫＧＢ博物館と呼ばれる施設で、ＫＧＢエストニア支局地下の留置所や取調室がほぼ当時のまま残されている。最も怖気をふるうのは懲罰房だ。人間が一人、立っていられるかどうかという小さな木のボックスが壁際に据え付けられており、なかなか自白しない容疑者はこの中に入れられた。もちろん、自白の先に待っている刑罰はさらに過酷なものであったはずだが。

強まるロシアのインターネット監視

今度はポスト帝国の中心、ロシアへと目を向けてみよう。

ロシアでインターネット利用が普及し始めた１９９０年代、ロシア政府はそれまでの電話通信盗聴システムであるＳＯＲＭ（即時捜査手段システム）に加えて、インターネット監視を可能とする新たな監視システムＳＯＲＭ－２を導入した。米国のＮＳＡのように自前で巨大データセンターを保有するのではなく、プロバイダ各社にＳＯＲＭ用機器を導入させ、これによって各社のサーバを経由するインターネット・トラフィックを情報機関が監視できるようにするというシステムである。[9] インターネットの普及が将来の鍵であると認識されていることはエストニアと同様だが、そこには強力な国家管理が伴わねばならないと考える点で、ロシア（やその他の権威主義的な旧ソ連諸国）は大きく異なっていた。[10]

ただ、ロシアのインターネット監視は、中国など他の権威主義諸国と比べて非常に緩い、という時代が長かった。テレビや新聞では政府による締め付けが日増しに強まっていく一方、インターネット上では政府を批判しようとプーチンをおちょくろうと基本的にはお咎めなしであった。その理由ははっきりしないが、ロシア政府にはそもそもそのような能力がないか、あるいはネット言論が現実の政治におよぼす影響は小さいものとしてお目こぼしされていたのではないかというのがロシア・東欧のインターネット空間を研究してきたコンラドワとシュミットの２０１０年代初頭時点での見立てであった。[11]

状況が大きく変化するのは、２０１２年以降のことである。この年、一時的に首相職に退いていたプーチンが大統領職に返り咲くと、ロシアのインターネット空間でも政府による締め付けが強まり始めた。

しかも、そのやり方はかなり巧妙だった。「子供を守る」とか「テロを防止する」といった、国民一般から広く賛同を得やすい名目が用いられたのだ。たとえば２０１２年７月、ロシアでは連邦法「児童の健康及び発達に有害な情報からの保護について」（以下、児童保護法）が改正され、児童の発達に有害であると連邦通信・情報技術・マスコミ監督庁（ロスコムナゾール）が判断したサイトの一覧（ブラックリスト）を作成して監視にあたることが定められた。また、同時に改正された連邦法「情報、情報技術及び情報保護について」（以下、情報法）では、ブラックリストに掲載されたサイトが当局からの警告に従わない場合、強制的にアクセスをブロックできるという規定が導入された。２０１３年にはこの対象が「大規模な暴動、過激主義的行動及び違法な街頭行動に対する参加の呼びかけ」などにも拡大され、ロシア政府にとって都合の悪い情報を国民の目から隠すことがさらに容易になった。[*12] 実際、この法律の適用第1号は「Grani.ru」というサイトだったが、これはプーチンと対立して英

---

*9 Natalia Konradova, "The Rise of Runet and the Main Stages of Its History," Sergey Davydov, ed. *Internet in Russia: A Study of the Runet and Its Impact on Social Life* (Springer, 2020), p. 57.

*10 Hanna Kreitem, Massimo Ragnedda, and Glenn W. Muschert, "Digital Inequalities in European Post-Soviet States," Davydov, ed., *op. cit*, 2020, p. 7.

*11 なお、両名が考察の対象とした時期は２０１２年までであることに留意されたい。Natakya Konradova and Henrike Schmidt, "From Utopia of autonomy to a political battlefield," Michael S. Gorham, Ingunn Lunde, and Martin Paulsen, eds., ***DIGITAl RUSSIA**: The Language, culture and politics of new media communication* (Routledge, 2014), pp. 47-48.

国に亡命したメディア王ボリス・ベレゾフスキーが運営していたものだった。それゆえに「Grani.ru」にはプーチン政権を批判する記事が多数掲載されており、その大部分が「過激主義」とされたのである。

続く2014年には、情報法に新たな規定が加わった。「インターネット利用者の音声情報、文字情報、画像その他の電子的通信の受信、転送、配信及び処理に関する情報並びに利用者本人に関する情報」を、当該活動終了後6カ月間にわたってロシア連邦内に保存しておくようインターネット企業に義務付けるものである。外国のインターネット企業（たとえばグーグル）であっても、そのサービスをロシア人が利用している場合は、ロシア国内のサーバに保存しなければならないということになる。情報機関によるインターネット監視を容易にしようとする意図が背景にあることは明らかで、2016年にはこの法律に違反しているとの理由で日本のＬＩＮＥなど4つのメッセージサービスが操業停止を言い渡された。

ただ、これらのメッセージサービスはロシア国内でほとんどシェアを持っておらず、本当の標的はＴｅｌｅｇｒａｍだったと見られている。Ｔｅｌｅｇｒａｍは高度な暗号化で知られ、2016年には全世界のユーザ数が1億人を超えた。そして当時のロシア政府はそこでやりとりされる情報を監視することができていなかった。Ｔｅｌｅｇｒａｍの開発者はロシア出身のＩＴ起業家、ドゥーロフ兄弟だが、会社自体はドイツにあるため、そのサーバはロシア国内に置かれていなかったのである。そこでロスコムナゾールはTelegram社に対し、サーバをロシア国内に置かないなら通信をブロックするとの圧力を掛けた。[*13] Telegramはテロリストの通信手段となりうるから、というのが表向きの名目であり、2018年には実際にロシア国内からTelegramへのアクセスがブロックされた。

しかし、この措置は2020年に突然解除された。現在ではロシア政府機関もTelegramチャンネルを持っており、ウクライナ戦争開戦後に西側製SNSが次々とブロックされていく中でも情報発信手段として活用され続けている。あれほどいがみ合っていたTelegram社とロシア政府の間に何があったのか。Telegram社がテロ対策に関して前向きな姿勢を示したため、というのがロスコムナゾールの公式発表である。つまりはロシア政府との何らかの妥協が成立したものと思われるが、真相は明らかでない。2018年にはTelegramのユーザ名と紐づく電話番号を割り出す方法をロシアの研究機関が発見

---

*12 小泉悠「ロシアにおける情報安全保障政策とインターネット規制」『外国の立法』第262号、2014年12月、114〜115頁。https://dl.ndl.go.jp/view/download/digidepo_8841952_po_02620006.pdf?contentNo=1

*13 Олег Сальманов, "Роскомнадзор хочет прочесть Telegram," *ВЕДОМОСТИ*, 2017.5.19. https://www.vedomosti.ru/technology/blogs/2017/05/19/690560-roskomnadzor-telegram

したと報じられており、これがきっかけとなった可能性もある。*14

政治的自由と性の自由

もっとも、こうした動きがロシア国民から取り立てて強い反発を招くことはなかった。インターネット監視はあくまでも児童の保護やテロ対策であり、やましいところのない一般国民には何ら影響はない、という当局の言い分が一応受け入れられていたのである。反体制派からの評判はすこぶる悪かったが、彼らの影響力自体が、プーチン体制下のロシアでは限られたものに過ぎなかった。

だが、2016年9月、児童保護法を根拠としてアダルトサイトが一斉にブロックされると、大きな反発が起きた。中でも国際的に大きなシェアを誇るカナダの「Pornhub」閉鎖は、多くの（あるいは一部の）ネットユーザにとって大打撃であったらしく、ツイッター上ではロスコムナゾールのアカウントに食ってかかる者まで現れた。政治的自由には無関心なロシア国民も、性の自由については話が別であったらしい。

Pornhub自身も、ロスコムナゾールのアカウントに「無料の特別アカウントを作ってあげるからブロックを解いてよ」とリプライしてユーモアのあるところを見せたが、ロスコムナゾールの返答は「我々は君たちの顧客ではない」というにべもないものであった。

もっとも、Pornhubはこれにめげることなく、ロシア担当部長を置くなどしてロシア市場再進出の努力を進め、年齢認証を確実に行うことなどを条件としてブロック解除にこぎつけている。これに対してロスコムナゾールのアンペロンスキー広報官は、「それなのにまだ無料アカウントを作ってもらえてないんだけど」と今度はユーモアのあるところを見せたが（Pornhub側は「トロントの本社が目を覚ましたらすぐに」とリプライ）、本当に無料アカウントを作ってもらえたのかどうかは不明である（多分、作っていないのだろう）。

もちろん、以上はロシア政府によるインターネット監視強化という大きな流れの中で起きたことであり、牧歌的なやりとりをただ微笑ましく眺めているわけにはいかない。ブロックやその危険にさらされていたのはアダルトサイトだけではないからである。

世界的な人気ゲーム「マインクラフト」内に開設された「検閲されない図書館」は、そうした状況に警鐘を鳴らすために開設された。報道の自由を掲げて活動する国際NGO「国境なき記者団」が２０２０年に開設したもので、仮想空間内に作られた館内には、権威主義国

＊14 Анжелина Григорян, "Деанонимный Telegram: в популярном мессенджере нашли уязвимость," *Известия*, 2018.8.9. https://iz.ru/769085/anzhelina-grigorian/deanonimnyi-telegram-v-populiarnom-messendzhere-nashli-uiazvimost

家が禁止したオンライン・コンテンツが保存されている。このうちのロシア館に置かれたパンフレットでは、ロシアのインターネット空間を巡る諸問題が要領よく整理されているので、要点を紹介しておこう。

●政権に批判的なジャーナリストへの締め付けが強まっている。
●Ｗｅｂサイトに「ブラックリスト」制度が導入され、裁判所の命令なしでＷｅｂサイトがブロックできるようになった。
●毎年何十人もの人がＷｅｂ上での活動を理由に有罪判決を受けている。中には「いいね！」を押しただけの人もいる。
●大規模な国民監視システムが整備されるとともに、匿名化や暗号化ができないようにされている。
●ロシア人Ｗｅｂユーザの個人データはロシア国内に保存しなければならないことが、連邦法で規定されるようになった。
●Ｗｅｂインフラに対する国家統制が強化され、有事にはグローバルインターネットからロシアのネット空間が遮断される可能性が出てきた。

情報統制の行き着く先

断っておくならば、インターネット空間に対して政府が統制をおよぼすということは、西側諸国を含む多くの国々でも行われている。実際問題として、テロリストの謀議や、公共の安全を著しく脅かすような偽情報を野放しにしておいていいということはないだろう。したがって、ロシアだけが例外なわけではないと国営通信社「ＲＩＡノーヴォスチ」の論評記事は述べるわけだが、[*15]ここには故意に語られていないポイントがある。「検閲されない図書館」が指摘するように、「いいね！」ボタンを押しただけ、といった些細な理由で政治的弾圧の対象になる事例が少なくないのだ。特に２０１９年に行われた情報法の改正では、「国家等に対する敬意を欠いた表現」がブロック対象となったが、[*16]これは極めて曖昧な規定であり、健全な政府批判までもが弾圧されかねない。

実際、こうした事例はロシア国内で既に無数に起きていることを「検閲されない図書館」所蔵のある記事は事細かに紹介している。いずれも、反体制的と見なされた人々が匿名化ソ

＊15　Ксения Мельникова, "Оскорбил власть — посиди в тюрьме. Как наказывают в мире за неуважение," *РИА Новости*, 2019.1.15. https://ria.ru/20190115/1549373317.html

＊16　古澤卓也「【ロシア】インターネット規制の強化」『外国の立法』第２８０‐１号、２０１９年７月、17頁。https://dl.ndl.go.jp/view/download/digidepo_11302599_po_02800108.pdf?contentNo=1

フトの使用や何気ない投稿を槍玉にあげられ、「テロリズム」「暴動の扇動」「ポルノ」などとして告発された事例である。[*17] こうした中でPornhubの営業再開が認められたのは、一種のガス抜きと見るべきであろう。

２０２２年2月にロシアがウクライナ侵略を開始して以降の状況は、以上で見た（少なくとも）10年におよぶ言論統制の結果として出現した。戦争が始まった直後の3月、ロシアの刑法典には新たな条項が設けられ、ロシア軍に関する「偽情報」を流した者には最大で15年の懲役刑が科されることになった。同時に、行政違反行為法典も改正され、「ロシア軍その他の政府機関の行いに対する信用を公に失墜させる行動」に対して高額の罰金刑を科すとされている。戦争反対を叫ぶとか、自国の軍隊が行っている残虐行為を非難するといった行動全てが「法律違反」とされてしまうことになったわけである。

四半世紀におよぶプーチン政権の行き着いた先は、ソ連時代さながらの抑圧国家であった。そのプロセスは非常にゆっくりと進んできたために、多くのロシア国民はそのことに気付かなかったかもしれない。しかし、「検閲されない図書館」に収蔵された記事の一本は、このような事態に警鐘を鳴らしていた。前述した「Grani.ru」に掲載されていたものである。少し長いが引用してみよう。

アレクサンドル・スコボフ「戦いに勝てるとは限らない」

1980年代から1990年代の変わり目に、いわゆる「社会主義共同体」の何億人もの人々が、全体主義的なイデオロギー的検閲からわずか数年で解放された。同時に、地球の反対側では、ラテンアメリカの血なまぐさい軍事独裁政権が次々と消滅していった。しかし、民主化運動が激しく敗北した中国大陸では、悲惨な「制度の失敗」が起きていた。

言論の自由はもう間近で、貴重な公共情報を共有したり受け取ったりする自由がすぐに勝利するかのように思えた。単純に、自由には深刻なライバルがいなかったのだ。自分の意見を表明する自由、どんな社会制度や価値観を批判する自由も生来のものであり、必然的なものとみなされるようになっていた。空気を吸う権利のように、だ。これをどうこうすることなどできないと思われていた。

私たちは、あまりにも自信過剰で不注意だった。自由を恐れる連中はどこにも行かな

＊17　プーチン政権と対立して英国に亡命したメディア王ボリス・ベレゾフスキーが運営していた「Grani.ru」に掲載されたユーリー・イゾトフによる記事（掲載日不明）。なお、2014年にはGrani.ruのコンテンツの大部分が「暴動や過激主義の呼びかけ」にあたるとして当局からブロックされた。

かったのだ。何を聞いていいか、何を見ていいか、何を書いていいか、何を考えるべきかを政府が決めることに安住している連中は、ただ隠れていただけだった。相手を黙らせることを夢見ていた連中は、ただ時を待っていただけだった。これら自由の敵は、偽装の達人なのだ。

（中略）

彼らは今のところ、公式の意見と異なる意見を表現することを過去の全体主義政権のように全面的に禁止しようとはしていない。しかし、プーチンの支配下では、大規模な「法的基盤」が構築され、政府が必要と判断した場合にはいつでもどこでも、彼らの好きなように自由な言論を禁止することができるようになった。

ここ数年の間にロシアで施行された、抑圧的でなんでも禁じようとする法律は、大規模かつ完全に適用されているのではなく、より選択的かつこれみよがしに適用されている。しかし、ほとんどの公人やメディアが黙って自己検閲を課し、言論の自由が疎外されたゲットーに押し込められるには、これで十分なようだ。

（中略）

新しい情報技術、特にインターネットが、情報拡散に対する政府のコントロールを不可能にするだろうという無分別な期待は、全く見当違いだった。テクノロジーのあらゆもある。それは政府のコントロールを回避するために使われることもあれば、政府のコントロールを強化するためにも使われる。剣と盾、ミサイルと装甲板の終わりなき競争が再燃しているのだ。欧米のラジオ局によるロシア語放送とソ連の電波妨害装置が繰り広げていた、冷戦時代の対決がまた始まったのだ。一方に位置するのはインターネットをブロックするテクノロジーであり、他方にはブロックを迂回するテクノロジーが位置している。

（中略）

自由な社会の方がより効率的でよくできているから、ポスト工業化文明の人々をイデオロギー的にコントロールすることなど不可能になったから、自由のための闘いに勝てるだろうなどと考えるべきではない。

自由の勝利は、ただ自由であるだけでは得られないのであって、そのために闘わなくてはならないのだ。

ロシアは再び言論の自由を回復できるだろうか。スコボフが述べるように、自由の勝利は確約されていない。少なくとも大変に長い時間がかかると覚悟しておくべきだろう。

プーチンが目指す「主権インターネット」

インターネット統制と並行して、プーチン政権は通信インフラそのものに対する国家管理も強めようとしてきた。

今やロシアでも不可欠な存在となったインターネットが、西側のサイバーインフラに支えられたものであるという危機感は、ロシア政府の中に早い段階から存在してきた。最もわかりやすいのはルートDNSサーバだろう。ドメインネームシステム（DNS）の最上位に位置するルートDNSサーバは、世界に13台しか存在しない。しかも、このうち10台はアメリカに置かれており、残る3台もスウェーデン、オランダ、日本にある。インターネットの根幹を成すDNSは、アメリカとその同盟国が握っているのだ（バックアップサーバはその他の国々にもある）。

このような状況が好ましくないという認識は、早い段階から存在したが、ロシア政府が特に危機感を強めたのは、2014年以降のことであったと見られる。クリミア半島の強制併合とドンバス紛争によって西側との対立が強まる中で、西側がインターネットへのアクセスを遮断し、ロシアを情報空間の中で孤立させるのではないかという懸念が浮上してきたのがこの時期だった。*18 2014年7月には実際にロシアがグローバルインターネットから切り離された場合のリスクを検証する演習が通信・マスコミ省（ミンコムスビャージ）によって実施され、その結果が国家安全保障会議においてプーチン大統領にも報告されたほか、ドメインネームの管理を政府に移管することが検討されたという。[19] いわゆる「主権インターネット」構想の浮上だ。

この構想は、２０１９年の情報法改正によって制度的な裏付けを得た。改正された情報法の要点は次の三点である。[20]

●国内外に通じるインターネットエクスチェンジ（ＩＸ）全てが政府登録を受けること。

●登録されたＩＸは政府がディープ・パケット・インスペクション（ＤＰＩ）によるトラフィックの監視とフィルタリング（ブロックや通信の低速化）を行えるよう特別の機器を設置すること。

---

*18 Татьяна Григорьянц, "Интернет-изоляция России: сеть отключить - не рубильник дёрнуть," *СМОТРИМ*, 2014.10.3. https://smotrim.ru/audio/1484839

*19 Анастасия Голицына, "Совет безопасности обсудит отключение России от глобального интернета," *ВЕДОМОСТИ*, 2014.9.19. https://www.vedomosti.ru/politics/articles/2014/09/19/suverennyj-internet

*20 阿曽正浩「ロシアにおけるインターネットの遮断」『ロシア・ユーラシアの社会』第１０６５号（２０２２年11－12月号）、21頁。https://www.jstage.jst.go.jp/article/roseursoc/2022/1065/2022_15/_pdf/-char/ja

●重大な脅威が発見された場合にはロスコムナゾールがインターネット通信全体を統制すること。

このうちの第1点と第2点は、単に政府がインターネット上のやりとりを監視するだけでなく、必要に応じてアクセス制限を加えられるようにすることを意図したものである。前述のように、アクセス制限自体もロスコムナゾールが従来から行っていたが、警告や削除命令などを出すまでもなく即時に遮断や通信速度の低下といった措置を取れるようになったのが「主権インターネット」の特色と言えるだろう。ちなみに2020年時点では、モバイル通信の100%と固定型ブロードバンド通信の60%が「主権インターネット」用監視機器を通過して行われていた[*21]。

また、改正情報法ではロシア独自のDNSとして国家ドメインネームシステム（NSDI）を設立することが定められている。これはグローバルインターネットに障害が発生した場合（たとえば政府の懸念する通りにロシアがグローバルインターネットから切り離された場合）のバックアップであるというのが公式見解であり、こうした事態においてはロスコムナゾール傘下の無線周波数総局（GRChTs）が国内通信事業者のトラフィックを統制するという。これが第3点としてうたわれた、ロスコムナゾールによるインターネット通信の統制だ。

ただ、２０１９年の情報法改正法案の起草者であるアンドレイ・クリシャス上院議員は、ＮＳＤＩは平時においても運用されると明確に述べている。実際、２０２１年に運用が始まったＮＳＤＩのユニークユーザ数は1日あたり１００万程度（２０２２年8月時点）とされているから、[*22] これが単に緊急事態用のバックアップでないことは明らかであると思われる。おそらくはＩＸの国家管理と合わせて、インターネット通信を平時から監視・コントロールするのがロシア政府の目的であろう。

インターネットが世界を結びつけ、透明に、平準にしていくだろうという楽観論は、急速に色褪せつつある。だが、サイバー空間が国家による監視の道具でしかないと結論するのもまた早計であろう。少し格好のいいことを言うなら、サイバー空間の未来像は我々自身の関わり方にかかっているからである。

＊21　阿曽「ロシアにおけるインターネットの遮断」

＊22　ЦМУ ССОП, *Национальная система доменных имен (НСДИ)*, 2022.8.25. https://portal.noc.gov.ru/ru/news/2022/08/25/nsdi/

小宮山コラム　リビドー満ち満ちたサイバースペース

それはつまり――わかっている、リンダに引き寄せられて、想い出した――肉にまつわるもの、カウボーイが小莫迦にする肉体に属するものだ。人知を越えて莫大なもので、螺旋とフェロモンで暗号化された情報の大海であり、無限の精妙さは、肢体のみが、力強くも盲いた方法で、それを読み取れるのだ[*23]。

SF小説『ニューロマンサー』の中で、主人公のケイスは徹底的に自らの肉を嫌い、サイバースペースへと没入しようとする。肉体の活動は精神のそれの劣位でしかないという基本的な思想を持つケイスだが、現実世界における「螺旋とフェロモンで暗号化された情報の大海」がケイスの肉欲を搦め捕り、彼は自らの身体性を捨てきれない。

サイバースペースの発展にアダルトコンテンツは不可欠であった。インターネット発展の正史において言及される機会はないが、アダルトコンテンツのインパクトはサイバースペースの運営に携わる人の中で肌感覚として共有されている。

サイバースペース黎明期、まだ一般の家庭でのインターネット利用は簡単ではなかった。わざわざ高価なパソコンやモデムを購入して、面倒な通信事業者との契約をして、難しい設定をして、情報の大海に漕ぎ出す目的が、無味乾燥なホワイトハウスのＷｅｂサイトであろうはずがない。多くの人がホワイトハウスのＷｅｂサイトにアクセスし、掲載されたクリントン大統領の飼い猫の鳴き声を聞くやいなや、次は成人向け娯楽雑誌プレイボーイのＷｅｂサイトにアクセスし、日米における表現の自由の含意について考察を深めたはずである。

１９９０年代、ネット上で金を稼いでいたのはポルノだった。１９９６年、ＡＯＬ（アメリカンオンライン）というインターネット企業はアダルト関連のチャットルームで、年間８０００万ドルを売り上げていた。[*24] 当時のインターネットの産業規

＊23　ウィリアム・ギブスン『ニューロマンサー』黒丸尚訳、ハヤカワ文庫ＳＦ、１９８６年、454頁
＊24　アンドリュー・スチュワート『情報セキュリティの敗北史――脆弱性はどこから来たのか』小林啓倫訳、白揚社、２０２２年、87頁

模を考えるとこの売上額は驚きである。インターネットの普及により高速で安定した通信が必要となりデータセンターが生まれたという話を既に述べたが、１９９０年代後半、Ｙａｈｏｏ！や米国の３大テレビネットワークの一つＮＢＣなどがデータセンターの使用を開始した。エクイニクスでチーフエヴァンジェリストを務めるピーター・フェリスのインタビューによれば、名だたる企業がデータセンターを利用する中で、プレイボーイもまた15から20本程度のラックを専有する大口の顧客であった。

現在でもアダルトコンテンツは文字通り、老若男女に求められている。Pornhubを含めた大手３社には毎秒13万人がアクセスし、それぞれ平均して18分ほど滞在する。動画閲覧は文字や音声のみの利用と異なり、大容量のデータ転送が必要となる。現在、世界のインターネット通信の多くがアダルトコンテンツの転送に費やされているのではないかと推計されている。

アダルトコンテンツを保存したり、提供したりすることが法律で禁じられている国も少なくない。規制が緩やかな米国のカリフォルニア州やオランダにアダルトコンテンツを提供するサーバが多く存在するのにはそういう事情がある。日本にお住まいの本書の読者が、あるいはロシアの若者がアダルトコンテンツにアクセスした場合、国外にあるサーバからコンテンツをダウンロードすることになる。性の自由は、分断されていないグローバルな単一のインターネットがあってこそである。

アダルトコンテンツはサイバースペースの分断を防ぐための、そして双極化が進む世界を変えるための、一つの鍵になるのかもしれない。とはいえ、サイバースペースに肉体の記号が溢れているという事実について、小宮山はケイスには申し訳ないという気がするのである。

おわりに

小宮山功一朗、小泉　悠

我々のサイバースペースを考える旅は、千葉からスタートし、エストニアの小さな街ナルヴァで一旦ゴールを迎えることになった。旅の足取りを簡単に振り返ろう。

第1章では千葉ニュータウンに出現した大型データセンター群を訪ねた。かつて空き地ばかりだった場所が、21世紀の世界における重心になりつつあることを目の当たりにした。

第2章では長崎市で、インターネット以前のサイバースペース、電信とそのインフラを訪ねた。長崎には江戸末期、明治期に彼の地と世界を繋いだ痕跡が今でも色濃く残っている。サイバースペースを支えるインフラには様々な制約があり、故にその立地は急には変化しないことを学んだ。

第3章では海底ケーブルの敷設や修理を行うケーブルシップを訪ねた。日本は世界でも屈指のケーブル敷設・修理能力を持つが、それでも現場は逼迫していることを感じた。背景には海底ケーブルの増加や、外資企業との激しい競争がある。戦時においては、多くのケーブルシップの乗組員の命が失われた。サイバースペースの維持は時に命がけである。

第4章では北海道の石狩、そして東京都心にあるデータセンターを訪ねた。データセンターは千葉ニュータウンだけでなく日本中に点在する。どの場所のデータセンターも独自の強みを持ち、ユニークな取り組みを行っている。一方で、そのユニークな取り組みについて本書に書けない点も多く残った。今ここで言えるのは、データセンターは目立たないように息を潜めて、しかし堅実に我々のサイバースペースを維持してくれているということである。

第5章ではサイバースペースが戦場となりつつあるという問題意識をもとに、ロシアや中国の脅威を分析した。ロシアの水中作戦能力や、各国が敷設しているとされる水中聴音システム（SOSUS）などを紹介し、人の目に触れない海中での戦いの存在を明らかにした。

第6章ではエストニアの小さな街から、国家と人とサイバースペースの関係について考えた。テクノロジーのあらゆる形態は諸刃の剣であり、政府のコントロールを回避するために使える技術は、政府がコントロールを強化するためにも使われるというロシア人の悲鳴を、我々は警告として受け止めなければならない。

サイバースペースの地政学という本書の命題に戻って考察すれば、我々の旅から二つのことが言えるのではないか。

一つめに、サイバースペースは空想の産物ではない。我々は、それが地上や空中や海底に設置された様々なインフラによって支えられた人工のフロンティアであるということを改めて確認した。これはサイバースペースを仮想の空間として捉える定説に挑戦するものである。データセンターも海底ケーブルも地上ケーブルも、それを設置するための必要条件を満たす場所は限られており、強い地理的制約の下にある。つまり地政学というレンズはサイバースペースの分析においても有用であることがわかった。

二つめに、いわゆる地政学と「サイバースペースの地政学」は全く同一ではないようだ。地政学は、国際情勢の分析において地理的制約を最重要視する。第6章で述べたとおり、ロシアとエストニアの国境には湖が広がり、往来の経路が限定される。それゆえに小さな国境の街が繰り返し激戦の舞台となった。国境と湖という地理が変わらない限り、人間がどのような働きかけをしたところで、この街は将来も戦火に見舞われる可能性がある。その点において、地政学は多くの人が指摘する通りどこか運命論的である。

対して、「サイバースペースの地政学」における地理的制約は技術革新によって度々更新されてきた。この旅を通じて、無線通信やラジオの発明が情報の流れを一新したことを確認した。また北極海を経由するケーブルルートも気候変動によって近年初めて可能となったり、人工衛星を介したインターネットアクセスの利用が広がったりといった変化があった。人間はこのサイバー世界の地理を部分的にコントロールできる。大げさに言えば、サイバースペースの地政学において我々は、運命に流されるだけでなく、運命に抗い、切り拓くこともできるのである。

小泉は海底ケーブルを「危なっかしい」と形容した。本書をここまでお読みいただいた読者の方には、海底ケーブルに限らずサイバースペース全体に多くの危なっかしい点があることに同意いただけるはずである。海底ケーブルも、データセンターも、そこで使用されるGPUの調達も、サイバースペースを構成する要素に盤石と言えそうなものはない。にもかかわらず、この「危なっかしいの集合体」が社会を支える機能を果たしているのはなぜだろうか。

現場を支える人の力はどこに行っても強く感じた。我々は、長崎で、東京で、石狩で多くのサイバースペースの担い手に直接話を聞く機会に恵まれた。能登半島地震の際にNTTとKDDIが協力したように、サイバースペースの担い手の中には、ビジネス上の利害に一時的に目を瞑っても、「危なっかしい」ところを協力して克服しようとする気概がある。最先端のGPUを積んだコンピュータが立ち並ぶデータセンター内では、ラックの空き部分にスポンジを詰めることで空気の流れを変えて冷却効率を上げるというアナログな工夫を見た。

さらに「危なっかしい」は外的要因によってももたらされる。米中対立の激化、ウクライナや中東情勢の悪化、台湾有事のリスク増大、そのような動きが、サイバースペースを部分的に破壊する動きに繋がる。そのことを我々は歴史から学んだ。

もちろん「危なっかしい」ものを安定して動かし続けるための要素は他にもあるのだろう。我々に今言えるのは、サイバースペースが本質的に内包する「危なっかしさ」と、外部からの働きかけで生まれる「危なっかしさ」の両方に目配りをする必要があるということ。そして、「危なっかしい」ものはやはり研究対象として魅力に溢れているということである。

元来飽きっぽい小宮山がこれだけサイバースペース研究を続けられる理由はその「危なっかしさ」に魅了されているからかもしれない。

数年前に亡くなった小宮山の母方の祖父は、いわゆる「学徒出陣」により動員され、陸軍の通信兵として満州に行き、相模原の通信学校で無線通信の教育を受け、北海道で終戦を迎えた。日頃から戦争の思い出を語ることはなかった。祖父の通信兵としての経験と小宮山の研究分野には通ずるものが多いと思い、無理やり頼み込んで、祖父との長い付き合いの中で、たった一度だけ戦争について語ってもらったことがある。

満州の凍った土を掘り起こして線を埋める作業の厳しさ、室蘭の陸軍通信所長をしている時に艦砲射撃で九死に一生を得たこと、引き揚げ時に大事な暗号書を駅長室のストーブを借りて焼却したこと、祖父の記憶は異常なほどに鮮明だった。太平洋戦争末期に日本軍の暗号が米国によって解読されていたことについて聞くと「だいぶ前から、海軍の暗号が漏れているという話は有名だった」、そして「終戦の1年前くらいから、今度は陸軍の暗号書も漏れたと噂していた」とのことだった。そうした問題は当時から現場では認知されていたという話を聞き、現代の多くの失敗と構造が似ていると感じた。

祖父は、自らは「戦争で死にっぱぐれた人間」と表現した。聞いてみると、祖父の仲間には南方の戦場に配置されて命を落とした方が多くいた。運が良かった祖父は内地に送られ生き残り、そのおかげで私は今ここに存在している。

やはり数年前に亡くなった父方の祖母とは同居していた。孫たちが食べ物を粗末にした時などの戒めとして、戦争の思い出は飽きるほど聞かされた。教科書には国と国とが戦ったと書いてあるが、祖母からは戦争が本来同胞である村や町の中での人々の分断を生んだことを知った。祖母の語る戦時中の暮らしは、善と悪の二分法で語ることのできないドロドロの煮込み料理だった。気丈な大正生まれの祖母が、沖縄のひめゆりの塔を訪れて泣いていた光景が今でも忘れられない。戦場となってしまった沖縄の人に対する罪の意識を生涯抱え続けた。

祖父と祖母の話を聞き続ける中で、小宮山の中には二つの思いが自然と育まれていった。一つめは、あらゆる努力をして、戦争を起こさないこと。二つめは、それでも万が一戦争が起きるなら、それに負けないために最善を尽くすことである。

　我々はインターネットという新しい技術に魅了され、その技術がもたらすバラ色の未来を疑っていなかった。サイバースペースは急速に生活に不可欠なものとなり、急速に安全保障上の重要な懸案となっていった。サイバースペースは戦場として、様々なスパイ活動の場としての性質が色濃くなってくる。日本各地での取材の中で、サイバースペースのインフラを担う人の中に日本の安全保障への極めて切迫した問題意識があることを感じた。本来であれば企業として利益を追求する立場にある事業者が、通信の重要性故に採算度外視の安全対策などを講じている例が少なからずあった。そのような自己犠牲が持続可能かどうか、今後より精緻な分析が必要となるだろう。引き続き企業の自助努力でまかなうべきもの、国家安全保障の視点で政府などが財政支援をすべきもの、国際的なルールを作って攻撃を踏みとどまらせるべきものなど、様々な観点からの対応が求められていく。

　本書が、サイバーインフラの重要性への国民の理解の一助となり、今後の議論への踏み台になれば幸いである。

2024年5月吉日

謝辞

本書の執筆にあたり、多くの方々に取材にご協力をいただいた。その一部の方について次の通り、心から感謝の意を表する（五十音順、所属は取材時のもの）。

●株式会社アット東京　市原 昌志様、大西 雅之様、小木曽 加奈子様、河邨 千勢様、鈴木 雅子様、横森 仁様
●ＮＴＴワールドエンジニアリングマリン株式会社　内山 和明様、北島 卓弥様、櫻井 淳様、丹下 広志様、平林 実様、古谷 信尚様、牧野 公精様、渡邊 守様
●株式会社ＱＴｎｅｔ　内村 孝幸様、江川 哲也様
●慶應義塾大学　土屋 大洋様
●ＫＤＤＩ株式会社　高比良 雅子様、戸所 弘光様、原田 健様
●公益財団法人ＫＤＤＩ財団　花原 克年様
●株式会社ＫＤＤＩ総合研究所　中村 元様

●ＫＤＤＩケーブルシップ株式会社　小野 宏二様、福島 義彦様、藤井 幸弘様
●さくらインターネット株式会社　江草 陽太様、三谷 公美様
●一般社団法人ＪＰＣＥＲＴコーディネーションセンター　水越 一郎様、山本 健太郎様
●ジョーンズ ラング ラサール株式会社　浅木 文規様
●東京大学先端科学技術研究センター創発戦略研究オープンラボ（ＲＯＬＥＳ）情報・認知領域 安全保障分科会 メンバー各位
●長崎県 文化観光国際部 文化振興・世界遺産課　齋藤 義朗様
●ＢＢＩＸ株式会社　白畑 真様
●亀山 大祐様

また、早川書房の石井広行さんは、この旅の３人目のメンバーであり、スタートからゴールまでをともにした。温かい励ましと、多くの助言に感謝する。

著者略歴

小宮山功一朗

一般社団法人JPCERTコーディネーションセンター国際部部長として、サイバーセキュリティインシデントへの対応業務にあたる。慶應義塾大学SFC研究所上席所員。国際組織FIRST.Org理事などを歴任。博士（政策・メディア）。

小泉 悠

東京大学先端科学技術研究センター（国際安全保障構想分野）准教授。専門はロシアの軍事・安全保障。著書に『「帝国」ロシアの地政学』（東京堂出版、サントリー学芸賞受賞）、『ウクライナ戦争』（ちくま新書）、『オホーツク核要塞』（朝日新書）など。

ハヤカワ新書 026

サイバースペースの地政学

二〇二四年六月二十日 初版印刷
二〇二四年六月二十五日 初版発行

著者 小宮山功一朗
小泉悠
発行者 早川浩
印刷所 株式会社亨有堂印刷所
製本所 株式会社フォーネット社
発行所 株式会社 早川書房
東京都千代田区神田多町二ノ二
電話 〇三-三二五二-三一一一
振替 〇〇一六〇-三-四七七九九
https://www.hayakawa-online.co.jp

ISBN978-4-15-340026-9 C0231

未知への扉をひらく

「ハヤカワ新書」創刊のことば

誰しも、多かれ少なかれ好奇心と疑心を持っている。

そして、その先に在る納得が行く答えを見つけようとするのも人間の常である。それには書物を繙いて確かめるのが堅実といえよう。インターネットが普及して久しいが、紙に印字された言葉の持つ深遠さは私たちの頭脳を活性して、かつ気持ちに余裕を持たせてくれる。

「ハヤカワ新書」は、切れ味鋭い執筆者が政治、経済、教育、医学、芸術、歴史をはじめとする各分野の森羅万象を的確に捉え、生きた知識をより豊かにする読み物である。

早川浩

ChatGPTの頭の中

スティーヴン・ウルフラム

稲葉通将監訳
高橋 聡訳

サム・アルトマン（OpenAI CEO）絶賛！
「最高の解説書」

人工知能チャットボット「ChatGPT」の知られざる仕組みと基礎技術について、自らも質問応答システムの開発に携わる理論物理学者が詳細に解説。今も進化し続ける生成AIの可能性と限界、そしてChatGPTの内部で解明が進められている「言語の法則」とは？

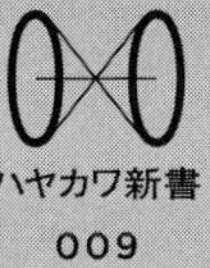

ハヤカワ新書
009

ＡＩを生んだ１００のＳＦ

大澤博隆監修・編
宮本道人・宮本裕人編

暦本純一、松原仁、坂村健、川添愛ら一流の研究者が数々のＳＦの名作と共に語りつくす、ＡＩのこれまでとこれから

『２００１年宇宙の旅』、『ブレードランナー』、『攻殻機動隊』――ＡＩ研究者にインタビューを重ね、ＳＦがもたらした影響を探った〈Ｓ‐Ｆマガジン〉の連載企画「ＳＦの射程距離」。生成ＡＩが飛躍的な進化を遂げたいま、松尾豊×安野貴博の対談など数篇を追加し書籍化。

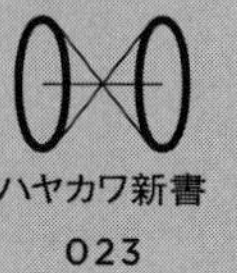

ハヤカワ新書
023